高等学校“十二五”规划教材

有机化学实验

第二版

主　编　朱　焰　姜洪丽

化学工业出版社

·北京·

本书包括六部分，共51个实验以供不同专业教学选用。全书按有机化学实验的一般知识、有机化学基本操作实验、天然产物提取实验、有机化合物性质实验、有机合成实验、综合性和设计性实验安排内容。在实验项目选取上，增加了与日常生活关系紧密的实验，强调基础知识、基本理论、基本技能的学习。

本书主要供以医学、药学、化工、生命科学为主的综合性高等院校各专业本专科生使用，也可供其他相关院校及科研工作者参考。

图书在版编目（CIP）数据

有机化学实验/朱焰，姜洪丽主编．—2版．—北京：化学工业出版社，2015.1（2024.1重印）
高等学校“十二五”规划教材
ISBN 978-7-122-22265-7

Ⅰ.①有…　Ⅱ.①朱…②姜…　Ⅲ.①有机化学-化学实验-高等学校-教材　Ⅳ.①O62-33

中国版本图书馆CIP数据核字（2014）第258622号

责任编辑：宋林青　王　岩　　装帧设计：王晓宇
责任校对：吴　静

出版发行：化学工业出版社（北京市东城区青年湖南街13号　邮政编码100011）
印　　装：三河市延风印装有限公司
787mm×1092mm　1/16　印张9½　字数229千字　2024年1月北京第2版第10次印刷

购书咨询：010-64518888　　售后服务：010-64518899
网　　址：http://www.cip.com.cn
凡购买本书，如有缺损质量问题，本社销售中心负责调换。

定　　价：20.00元

前　言

《有机化学实验》（第二版）是在泰山医学院化工学院有机教研室的组织下，以第一版为基础进行修订的。在编写过程中，以培养学生实践能力和创新能力为中心指导思想，以知识传授、能力培养、素质提高协调发展为教学理念，根据教学经验和广大读者对第一版的意见和建议，在内容增补、图片更新上做了部分调整，对第一版的疏漏作了改正，使本书更加适合学生实践能力培养、创新能力培养、考研复试等多方面的需要。

本书共设六大部分，51个实验，其中从女贞子中提取齐墩果酸，氨基酸、蛋白质的性质，固体酒精的制备三个实验是新增的。本书注重以掌握、熟练基本技能为纲，以基本操作、提取分离、性质、合成、综合和设计性实验为主线，反复训练学生的实践动手能力和创新思维能力；内容选取更贴近医学、药学、化工类等有机化学课程教学大纲的基本要求，实验操作步骤更加详细，实验的成功率大大提高；更加注重文字精炼、插图更新和提高问答题质量的修订；进一步统一了格式，对第一版进行了系统优化。

本书采用中华人民共和国国家标准《量和单位》（GB 3100～3102—93）所规定的符号和单位；化学名词采用全国自然科学名词审定委员会公布的《化学名词》所推荐的名称。本书可供以医学、药学、化工、生命科学为主的综合性高等院校各专业本专科生使用，也可供有关院校科技工作者参考。编写工作由朱焰（第三篇），姜洪丽（第四篇），王玉民、陈震（第一篇），张昌军、葛燕青（第二篇），林晓辉、刘振亮（第五篇），朱晓慧、庞现红（第六篇），曹晓群（附录）等完成。

在本书编写过程中，吸收了一些科技前沿内容，增加了与日常生活关系紧密且兼具趣味性和应用性的实验。本书所列实验经过反复改进完善，历届学生和众多老师都参与了实验的验证，还得到了泰山医学院各位领导、教师和实验室人员的关心和支持，在此一并表示衷心感谢。

由于时间仓促和水平有限，遗漏和不妥之处在所难免，恳请广大读者批评指正。

编者

2014年9月

第一版前言

为了适应21世纪高等教育改革和现代科学技术飞速发展的需要，以知识传授、能力培养、素质提高、协调发展为教学理念，建立有利于培养实践能力和创新能力的实验教学体系，改革以单纯传授知识为中心的教学内容和教学模式，以学生为本改革有机化学实验的教学内容、方法和手段，建立涵盖基础性、综合性、设计性和创新性实验的多元有机化学实验教学模式，培养高素质的创新型和应用型人才，我们在总结多年教学经验的基础上编写了本教材。

有机化学实验是化学、化学工程与工艺、高分子材料、医学、药学、环境科学、生命科学等多个学科学生的必修课程之一，具有很强的实践性，这使其在创新型和应用型人才的培养中具有重要的地位和作用，是有机化学理论课所不能替代的。有机化学实验课既要配合有机化学理论课的教学，又要有相对的独立性和系统性，应注意利用现代实验仪器和物理技术，充实有机化学实验中的现代内容；及时纳入科研成果，不断提高有机化学实验教学水平。本书在编写中以医学、药学、化工类等有机化学课程教学大纲的基本要求为依据，结合了各专业授课对象的特点，可供以医学、药学、化工、生命科学为主的综合性高等院校各专业本专科生使用，也可供其他有关院校及科技工作者参考。

本书采用中华人民共和国国家标准GB 3100～3102—93《量和单位》所规定的符号和单位；化学名词采用全国自然科学名词审定委员会公布的《化学名词》所推荐的名称。

全书包括六部分，共编著47个实验以供不同专业教学选用。本书由张昌军、陈震主编，负责指导、统稿、校订工作，参编人员有王玉民（第五篇）、朱焰（第三篇）、李启清（第四篇）、张昌军（第二篇）、陈震（第五篇）、林晓辉（第一篇）、姜洪丽（第四篇）、曹晓群（附录）、葛燕青（第二篇）。

本书在编写中以泰山医学院使用多年的自编教材《有机化学实验》为基础，贯彻“厚基础、宽专业、大综合”的教学理念，参考了有关高校的有机化学实验教材及网络课程资源；吸收了一些科技前沿内容；设置了与日常生活关系紧密的实验，增加了趣味性；强调基础知识、基本理论、基本技能的学习，为后继课程的学习奠定坚实的基础。所列实验经过反复改进完善，历届学生和众多老师也从事了实验的验证。本书在编写过程中还得到了泰山医学院各位领导和有关教师的关心和支持，在此一并表示衷心感谢。

由于时间仓促和水平有限，遗漏和不妥之处在所难免，恳请广大读者批评指正。

编者

2012年10月

目　录

第一篇　有机化学实验的一般知识

有机化学实验是化学、化工、材料、生物、海洋、医学、环境科学各专业学生必修的一门独立实验课，其主要目的是培养学生掌握有机化学实验的基本操作技能及实验规律，掌握正确选择有机化合物的合成、分离提纯及分析鉴定的方法，加深学生对有机化学基本理论与概念的理解，增强其分析问题、解决问题的能力。通过实验教学，发挥学生的主动性，有计划、有步骤地使学生在实验中得到科学思维的训练，培养学生勤奋学习、求真、求实的优良品德和科学精神，及独立思考、独立操作的能力。

一、有机化学实验的学习方法

有机化学实验是一门理论联系实际的综合性较强的课程，对培养学生的独立工作能力具有重要作用。实验前的预习、实验操作和实验报告是安全、高效地完成有机化学实验的三个重要环节。

1. 实验预习

实验预习是做好实验的第一步，应首先认真阅读实验教材及相关参考资料，做到实验目的明确、实验原理清楚、熟悉实验内容和实验方法、牢记实验条件和实验中有关的注意事项。

在此基础上，简明、扼要地写出预习笔记。预习笔记应包括以下内容。

(1) 实验目的、要求；

(2) 反应原理，可用反应式写出主反应及主要副反应，并简述反应机理；

(3) 查阅并列出主要试剂和产物的物化常数及性质，试剂的规格、用量；

(4) 画出主要反应装置图，简述实验步骤及操作原理；

(5) 做合成实验时，应写出粗产物纯化的流程图；

(6) 针对实验中可能出现的问题，特别是安全问题，要写出防范措施和解决方法。

2. 实验操作及注意事项

实验是培养独立工作和思维能力的重要环节，必须认真、独立地完成。

(1) 按时进入实验室，认真听取指导教师讲解实验、回答问题。疑难问题要及时提出，并在教师指导下做好实验准备工作。

(2) 实验仪器和装置装配完毕，须经指导教师检查同意后方可接通电源进行实验。实验操作及仪器的使用要严格按照操作规程进行。

(3) 实验过程中要精力集中，仔细观察实验现象，实事求是地记录实验数据，积极思考，发现异常现象应仔细查明原因，或请教指导教师帮助分析处理。实验记录是科学研究的第一手资料，实验记录的好坏直接影响对实验结果的分析。因此，必须对实验的全过程进行仔细观察和记录，特别对如下内容要及时并如实记录：①加入原料的量、顺序、颜色；②随温度的升高，反应液颜色的变化、有无沉淀及气体出现；③产品的量、颜色、熔点、沸点和折射率等数据。记录时，要与操作一一对应，内容要简明准确，书写清楚。

（4）实验中应保持良好的秩序。不迟到、不早退，不大声喧哗、不打闹，不随便走动，不乱拿仪器药品，爱护公共财物，保持实验室的卫生。实验记录和实验结果必须经教师审查，经教师同意方可离开实验室。

3. 实验记录

每个学生都必须准备一本实验记录本，并编上页码，不能用活页本或零星纸张代替。不准撕下记录本的任何一页。如果写错了，可以用笔勾掉，但不得涂抹或用橡皮擦掉。文字要简练明确，书写整齐，字迹清楚。写好实验记录是从事科学实验的一项重要训练。

在实验过程中，实验者必须养成一边进行实验一边直接在记录本上作记录的习惯，不允许事后凭记忆补写，或以零星纸条暂记再转抄。记录的内容包括实验的全部过程，如加入药品的数量，仪器装置，每一步操作的时间、内容和所观察到的现象（包括温度、颜色、体积或质量的数据等）。记录要求实事求是，准确反映真实的情况，特别是当观察到的现象和预期的不同，以及操作步骤与教材规定的不一致时，要按照实际情况记录清楚，以便作为总结讨论的依据。其他各项，如实验过程中一些准备工作、现象解释、称量数据，以及其他备忘事项，可以记在备注栏内。应该牢记，实验记录是原始资料，科学工作者必须重视。

（1）试剂的过量百分数、理论产量和产率的计算

在进行一个合成实验时，通常并不是完全按照反应方程式所要求的比例投入各原料，而是增加某原料的用量。究竟过量使用哪一种物质，则要根据其价格是否低廉、反应完成后是否容易去除或回收、能否引起副反应等情况来决定。

在计算时，首先要根据反应方程式找出哪一种原料的相对用量最少，以它为基准计算其他原料的过量百分数。产物的理论产量是假定这个作为基准的原料全部转变为产物时所得到的产量。由于有机反应常常不能进行完全，有副反应以及操作中的损失，产物的实际产量总比理论产量低。通常将实际产量与理论产量的百分比称为产率。产率高低是评价一个实验方法以及考核实验者的一个重要指标。

（2）总结讨论

做完实验以后，除了整理报告，写出产物的产量、产率、状态和实际测得的物性，如沸程、熔程等数据，以及回答指定的问题，还要根据实际情况就产物的质量和数量、实验过程中出现的问题等进行讨论，以总结经验和教训。这是把直接的感性认识提高到理性思维的必要步骤，也是科学实验中不可缺少的一环。

【附】 实验记录示例

实验二　溴乙烷的制备

实验目的：

1. 学习从醇制备溴代烷的原理和方法。
2. 学习蒸馏装置和分液漏斗的使用方法。

主反应：

$$NaBr + H_2SO_4 \longrightarrow NaHSO_4 + HBr$$

$$HBr + C_2H_5OH \rightleftharpoons C_2H_5Br + H_2O$$

副反应：

$$2C_2H_5OH \xrightarrow{H_2SO_4} C_2H_5OC_2H_5 + H_2O$$

$$C_2H_5OH \xrightarrow{H_2SO_4} C_2H_4 + H_2O$$

物理常数：

物质名称	相对分子质量	相对密度	熔点/℃	沸点/℃	溶解度/(g/100g 溶剂)
乙醇	46	0.79	−117.3	78.4	水中∞
溴化钠	103				水中 79.5(0℃)
硫酸	98	1.83	10.38	340(分解)	水中∞
溴乙烷	109	1.46	−118.6	38.4	水中 1.06(0℃),醇中∞
硫酸氢钠	120				水中 50(0℃),100(100℃)
乙醚	74	0.71	−116	34.6	水中 7.5(20℃),醇中∞
乙烯	28		−169	−103.7	

计算：

物质名称		实际用量	理论量	过量	理论产量
59%乙醇	8g	10mL(0.165mol)	0.126mol	31%	
NaBr	13g	(0.126mol)			
浓硫酸(98%)	18mL	(0.32mol)	0.126mol	154%	
C_2H_5Br			0.126mol		13.7g

仪器装置图：

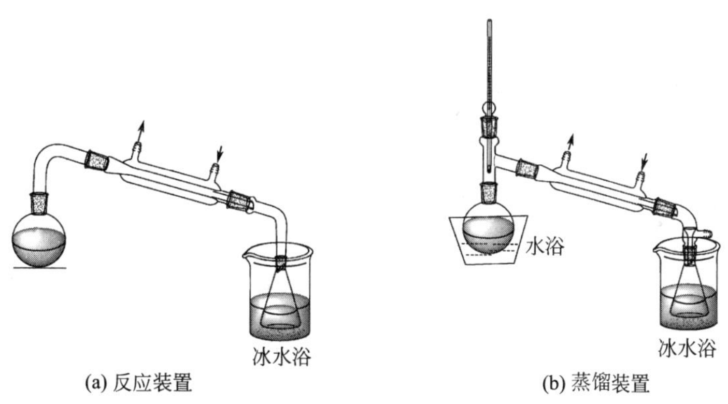

(a) 反应装置　　(b) 蒸馏装置

实验步骤流程：

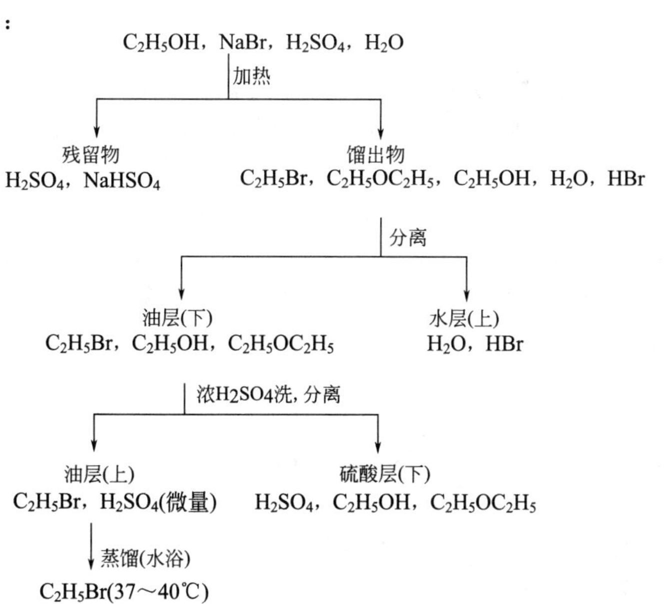

时间	步　骤	现　象	备　注
8:30	安装反应装置[图(a)]		接收器中盛20mL水，用冰水冷却
8:45	在烧瓶中加入13g溴化钠，然后加入9mL水，振荡使溶解	固体成碎粒状，未全溶	
8:55	再加入10mL 95%乙醇，混合均匀		
9:00	振荡下逐渐滴加19mL浓硫酸，同时用水浴冷却	放热	
9:10	加入三粒沸石开始加热		
9:20		出现大量细泡沫	
9:25		冷凝管中有馏出液，乳白色油状物沉在水底	
10:15		固体消失	
10:25	停止加热	馏出液中已无油滴	用试管盛少量水试验
		瓶中残留物冷却成无色晶体	是 $NaHSO_4$
10:30	用分液漏斗分出油层		油层8mL
10:35	油层用冰水冷却，滴加5mL浓硫酸，振荡后静置	油层(上)变透明	
10:50	分去下层硫酸		
11:05	安装好蒸馏装置[图(b)]		
11:10	水浴加热，蒸馏油层		接收瓶　53.0g
11:18	开始有馏出液	38℃	接收瓶+溴乙烷 63.0g
11:33	蒸完	39.5℃	溴乙烷 10.0g

产物：溴乙烷，无色透明液体，沸程38.0～39.5℃，产量10g，产率73.0%。

讨论：本次实验的产物产量和质量基本上合格。加浓硫酸洗涤时发热，表明粗产物中乙醚、乙醇或水分过多。这可能是反应时加热太猛，使副反应增加。另外，也可能由于从水中分出粗油层时，带了一点水过来。溴乙烷沸点很低，硫酸洗涤时发热使一部分产物挥发损失。

实验记录日期：××××年××月××日

4. 实验报告

学生应独立完成实验报告，并按规定时间送指导教师批阅。实验报告的内容包括实验目的、简明原理（反应式）、实验装置简图（有时可用方块图表示）、简单操作步骤、数据处理和结果讨论。数据处理应有原始数据记录表和计算结果表示表（有时两者可合二为一），计算产率必须列出反应方程式和算式，使写出的报告更加清晰、明了、逻辑性强，便于批阅和留作以后参考。结果讨论应包括对实验现象的分析解释、查阅文献的情况、对实验结果进行定性分析或定量计算、对实验的改进意见和做实验的心得体会等。这是锻炼学生分析问题的重要一环，是使直观的感性认识上升到理性思维的必要步骤，务必认真对待。

【附】 实验报告范例

环己酮的制备

一、目的与要求

1. 了解环己醇氧化制备环己酮的原理和方法。

2. 通过仲醇转变为酮的实验，进一步了解醇与酮的区别与联系。

二、实验原理（文字简述略）

OH　　　　　　　　O

$$\xrightarrow[H_2SO_4]{Na_2Cr_2O_7}$$

三、仪器与试剂（略）

四、实验步骤，仪器装置图（略）

五、现象记录：如实记录

六、粗产物的提纯过程

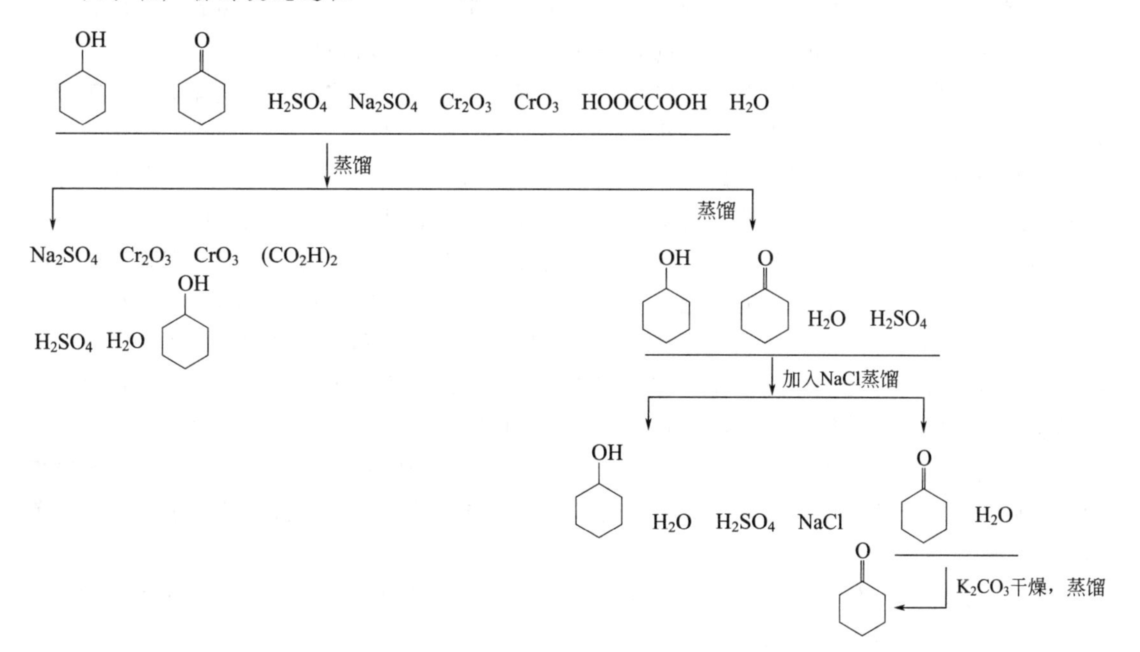

七、产量 11.4g

产率　　根据反应式：

OH　　　　　　　　O

$$\xrightarrow[H_2SO_4]{Na_2Cr_2O_7}$$

100.16　　　　98.14

19.2　　　　　18.8

理论产量＝(19.2/100.16)×98.14＝18.8(g)

产率＝实际产量/理论产量＝(11.4/18.8)×100%＝60.6%

八、问题讨论（略）

二、有机化学实验的安全知识

在实验中，经常使用有机试剂和溶剂，这些物质大多数易燃、易爆，而且具有一定的毒性。如乙醇、乙醚、丙酮、苯及石油醚等易燃溶剂，氢气、乙炔及苦味酸等易爆的气体和药品，氰化物、硝基苯、有机磷化物及有机卤化物等有毒试剂，苛性钠、苛性钾、溴及浓硫酸、浓硝酸、浓盐酸、苯酚等腐蚀性药品，如使用不当，则可能发生着火、爆炸、中毒、烧伤等事故。而且，有机实验所用仪器多为玻璃制品，如不注意，不但会损坏仪器，还会造成割伤。因此，进行有机化学实验，必须十分注意安全。

事故的发生，往往是不熟悉药品和仪器性能、违反操作规程和麻痹大意所致。只要做好实验预习，严格操作规程，坚守岗位，集中精力，事故是完全可以避免的。

1. 有机化学实验室规则

为了保证有机化学实验课的教学质量，确保每堂课都能安全、有效、正常地进行，学生必须遵守以下规则。

(1) 在进入有机实验室之前，必须认真阅读本章内容，了解进入实验室后应注意的事项及有关规定。每次做实验前，认真预习该实验内容，明确实验目的及要掌握的操作技能。了解实验步骤、所用药品的性能及相关的安全问题。写出实验预习报告。

(2) 实验课开始后，先认真听指导教师讲解实验，然后严格按照操作规程安装好实验装置，经老师检查合格后方可进行下一步操作。

(3) 药品的称量在老师指定的地方（一般在通风橱内）进行，称取完毕后，要及时将试剂瓶的盖子盖好，并将台秤和药品台擦净。不许将药品瓶拿至自己的实验台称取。

(4) 实验过程中要仔细观察实验现象，认真及时地做好记录，同学间可就实验现象进行研讨，但不许谈论与实验无关的问题。不经老师许可，不能离岗。不能听随身听、开呼机及手机。严禁吸烟、吃东西。增强环保意识，遵守环保规定，不得随意排放“三废”，实验室内保持通风良好，尽可能做到洁净明亮、清新和舒适。师生均应培养“绿色化学”和“绿色化学实验室”的意识。固液体废物分别放在指定的垃圾盒中，不许扔、倒在水池中。

(5) 实验完毕后，把实验记录交老师审阅，由老师登记实验结果。将产品回收到指定瓶中，然后洗净自己所用的仪器并锁好。公用仪器放在指定的位置。把自己的卫生区清理干净后，经老师许可方可离开实验室。

(6) 每天的值日生负责实验室的整体卫生（水池、通风橱、台面、地面）、废液的处理、水电安全。经老师检查合格后，方可离去。

2. 防火常识

有机实验中所用的溶剂大多是易燃的，故着火是最可能发生的事故之一。引起着火的原因很多，如用敞口容器加热低沸点的溶剂、加热方法不正确等。为了防止着火，实验中必须注意以下几点。

(1) 不能用敞口容器（如烧杯）加热和放置易燃、易挥发的化学试剂。应根据实验要求和物质的特性选择正确的加热方法，如对沸点低于 80℃ 的液体，在蒸馏时，应采用间接加热法（如水浴），而不能直接加热。

(2) 尽量防止或减少易燃物气体的外逸。处理和使用易燃物时，应远离明火，注意室内通风，及时将蒸气排出。

(3) 易燃、易挥发的废物，不得倒入废液缸和垃圾桶中，应专门回收处理。

(4) 实验室不得存放大量易燃、易挥发性物质。

(5) 使用油浴加热时必须避免冷凝水溅入油中。

(6) 不得把燃着或带火星的火柴乱扔，或直接丢入垃圾桶。

3. 灭火常识

一旦发生着火，应及时采取正确的措施，控制事故的扩大。首先，立即熄灭其他火源，切断电源，移走易燃物。然后根据易燃物的性质和火势，采取适当的方法扑救。

火情及灭火方法简介如下。

第一种　烧瓶内反应物着火时，用石棉布盖住瓶口，火即熄。

第二种　地面或桌面着火时，若火势不大，可用淋湿的抹布或沙子灭火。

第三种　衣服着火，应就近卧倒，用石棉布把着火部位包起来，或在地上滚动以灭火焰，切忌在实验室内乱跑。

第四种　油类着火，用沙子或碳酸氢钠粉末灭火。

第五种　火势较大应采用灭火器灭火，二氧化碳灭火器是有机实验室最常用的灭火器，灭火器内存放着压缩的二氧化碳气体，使用时一手提灭火器，一手应握在喷二氧化碳喇叭筒的把手上（不能手握喇叭筒！以免冻伤），打开开关，二氧化碳即可喷出。常用灭火器适用范围列于表1-1。

表1-1　常用灭火器适用范围

名　称	适用范围
贮压式干粉BC(ABC)灭火器	扑救可燃液体、易燃气体、电器设备的初起火灾，ABC型还可以扑救可燃固体的火灾，对人畜无害
四氯化碳灭火器	不宜接触钠，高温产生有剧毒的光气
贮压轻水泡沫灭火器	可扑救可燃固体、易燃液体的初起火灾，后处理麻烦
二氧化碳灭火器	适用于油脂、电器及其他较贵重的仪器着火时灭火，后处理简单

不管用哪一种灭火器，都是从火的周围向中心扑灭。

需要注意的是，水在大多数场合下不能用来扑灭有机物的着火，因为一般有机物都比水轻，泼水后，火不但不熄，反而漂浮在水面燃烧，随水流蔓延；水也不能用于电器起火。

第六种 如火势不易控制，应立即拨打火警电话119！

4. 防爆

在有机化学实验室中，发生爆炸事故一般有以下三种情况。

第一种　易燃有机溶剂（特别是低沸点易燃溶剂）在室温时就具有较大的蒸气压。空气中混杂易燃有机溶剂的蒸气压达到某一极限时，遇到明火即发生燃烧爆炸。而且，有机溶剂蒸气的相对密度都较空气大，会沿着桌面或地面漂移至较远处，或沉积在低洼处。因此，切勿将易燃溶剂倒入废物缸内，更不能用敞口容器盛放易燃溶剂。倾倒易燃溶剂应远离火源，最好在通风橱中进行。常用易燃溶剂的蒸气爆炸极限见表1-2，常用易燃气体的爆炸极限见表1-3。

表1-2　常用易燃溶剂的蒸气爆炸极限

名　称	沸点/℃	闪点/℃	爆炸极限(体积分数)/%
乙醚	34.5	−45	1.85～36.50
丙酮	56.2	−17	2.55～12.80
苯	80.1	−11	1.41～7.10
乙醇	78.5	12	3.28～18.95
正己烷	68.9	22	1.20～7.00
甲醇	65.0	11	6.72～36.50

表1-3　常用易燃气体的爆炸极限

名　称	爆炸极限(体积分数)/%	名　称	爆炸极限(体积分数)/%
氢气	4.1～74.2	甲烷	4.5～13.1
一氧化碳	12.5～74.2	乙炔	3.0～82
氨气	15～27	环氧乙烷	3～100

第二种　某些化合物容易发生爆炸，如过氧化物、芳香族多硝基化合物等，在受热或受

到碰撞时均易发生爆炸。含过氧化物的乙醚在蒸馏时也有爆炸的危险。乙醇和浓硝酸混合在一起，会引起极强烈的爆炸。

第三种　仪器安装不正确或操作不当时，也可引起爆炸。如蒸馏或反应时实验装置被堵塞，减压蒸馏时使用不耐压的仪器等。

为了防止爆炸事故的发生，应注意以下几点。

(1) 使用易燃易爆物品时，应严格按照操作规程操作，要特别小心，切勿使易燃易爆气体接近火源，有机溶剂如乙醚和汽油一类的蒸气与空气相混时极为危险。

(2) 反应过于剧烈时，应适当控制加料速度和反应温度，必要时采取冷却措施。

(3) 在用玻璃仪器组装实验装置之前，要先检查玻璃仪器是否有破损。

(4) 常压操作时，不能在密闭体系内进行加热或反应，要经常检查实验装置是否被堵塞，如发现堵塞应停止加热或反应，将堵塞排除后再继续加热或反应。

(5) 减压蒸馏时，不能用平底烧瓶、锥形瓶、薄壁试管等不耐压容器作为接收瓶或反应瓶。无论是常压蒸馏还是减压蒸馏，均不能将液体蒸干，以免局部过热或产生过氧化物而发生爆炸。

(6) 对于易爆炸的固体，如金属炔化物、苦味酸金属盐、三硝基甲苯等都不能重压或撞击。对这类实验残渣应及时小心销毁，如金属炔化物可用浓盐酸或硝酸使其分解，重氮化合物可加水煮沸分解等。

5. 中毒的预防及处理

大多数化学药品都具有一定的毒性。中毒主要是通过呼吸道和皮肤接触有毒物品而对人体造成危害。因此，预防中毒应做到以下几点。

(1) 实验前要了解药品性能，称量时应使用工具、戴乳胶手套，尽量在通风橱中进行，特别注意的是勿使有毒药品触及五官和伤口处。

(2) 反应过程中可能生成有毒气体的实验应加气体吸收装置，并将尾气导至室外。

(3) 用完有毒药品或实验完毕，要用肥皂将手洗净。

假如已发生中毒，应按如下方法处理。

(1) 溅入口中尚未咽下者　应立即吐出，用大量水冲洗口腔；如已吞下，应根据毒物性质给以解毒剂，并立即送医院救治。

(2) 腐蚀性毒物中毒　对于强酸，先饮大量水，然后服用氢氧化铝膏、鸡蛋清；对于强碱，也应先饮大量水，然后服用醋、酸果汁、鸡蛋清。不论酸或碱中毒均再给以牛奶灌注，不要吃呕吐剂。

(3) 刺激剂及神经性毒物中毒　先给牛奶或鸡蛋清使之立即冲淡和缓和，再用一大匙硫酸镁（约 30g）溶于一杯水中催吐。有时也可用手指伸入喉部促使呕吐，然后立即送医院救治。

(4) 吸入气体中毒者　将中毒者移至室外，解开衣领及纽扣。吸入少量氯气或溴者，可用碳酸氢钠溶液漱口。

6. 灼伤的预防及处理

皮肤接触了高温、低温或腐蚀性物质后均可能被灼伤。为避免灼伤，在接触这些物质时，应戴好防护手套和眼镜。发生灼伤时应按下列要求处理。

(1) 被碱灼伤时　先用大量水冲洗，再用 1%～2% 的乙酸或硼酸溶液冲洗，然后再用水冲洗，最后涂上烫伤膏；

(2) 被酸灼伤时　先用大量水冲洗，然后用1%～2%碳酸氢钠溶液冲洗，最后涂上油膏；

(3) 被溴灼伤时　应立即用大量水冲洗，再用酒精擦洗或用2%的硫代硫酸钠溶液洗至灼伤处呈白色，然后涂上甘油或鱼肝油软膏加以按摩；

(4) 被热水烫伤时　一般在患处涂上红花油，然后擦烫伤膏；

(5) 被金属钠灼伤时　可见的小块用镊子移走，再用乙醇擦洗，然后用水冲洗，最后涂上烫伤膏；

(6) 以上这些物质一旦溅入眼睛中（金属钠除外），应立即用大量水冲洗，并及时去医院治疗。

7. 割伤的预防及处理

有机实验中主要使用玻璃仪器。使用时，最基本的原则是不能对玻璃仪器的任何部位施加过度的压力。具体操作要注意以下两点。

(1) 需要用玻璃管和塞子连接装置时，用力处不要离塞子太远。

(2) 新割断的玻璃管断口处特别锋利，使用时，要将断口处用火烧至熔化，或用小锉刀使其成圆滑状。

发生割伤后，应先将伤口处的玻璃碎片取出，再用生理盐水将伤口洗净，轻伤可用“创可贴”，伤口较大时，用纱布包好伤口送医院。若割破静（动）脉血管，流血不止时，应先止血。具体方法是：在伤口上方5～10cm处用绷带扎紧或用双手掐住，尽快送医院救治。

为处理以上事故需要，实验室应常备以下急救物品。

(1) 医用酒精、红药水、止血粉、龙胆紫、凡士林、烫伤膏、硼酸溶液（1g/L)、碳酸氢钠溶液（1g/L)、硫代硫酸钠溶液（2g/L）等。

(2) 医用镊子、剪刀、纱布、药棉、绷带等。

8. 水电安全

同学进入实验室后，应首先了解水电开关及总闸的位置在何处，而且要掌握它们的使用方法。如实验开始时，应先缓缓接通冷凝水（水量要小)，再接通电源打开电热包，但决不能用湿手或手握湿物去插（或拔）插头。使用电器前，应检查线路连接是否正确，电器内外要保持干燥，不能有水或其他溶剂。实验做完后，应先关掉电源，再去拔插头，而后关冷凝水。值日生在做完值日后，要关掉所有的水闸及总电闸。

9. 废物的处理

(1) 废液的处理　废液要回收到指定的回收瓶或废液缸中集中处理；

(2) 废弃固体物的处理　对于任何废弃固体物（如沸石、棉花、镁屑等）都不能倒入水池中，而要倒入老师指定的固体垃圾盒中，最后由值日生在老师的指导下统一处理；

(3) 对易燃易爆的废弃物（如金属钠）应由教师处理，学生切不可自主处理。

三、有机化学实验常用玻璃仪器及设备

在进行有机化学实验时，所用的仪器有玻璃仪器、金属用具、电学仪器及其他一些仪器设备。了解实验所用仪器及设备的性能、正确的使用方法和如何保养，是对每一个实验者的最起码的要求。下面将分类进行介绍。

1. 玻璃仪器（图 1-1）

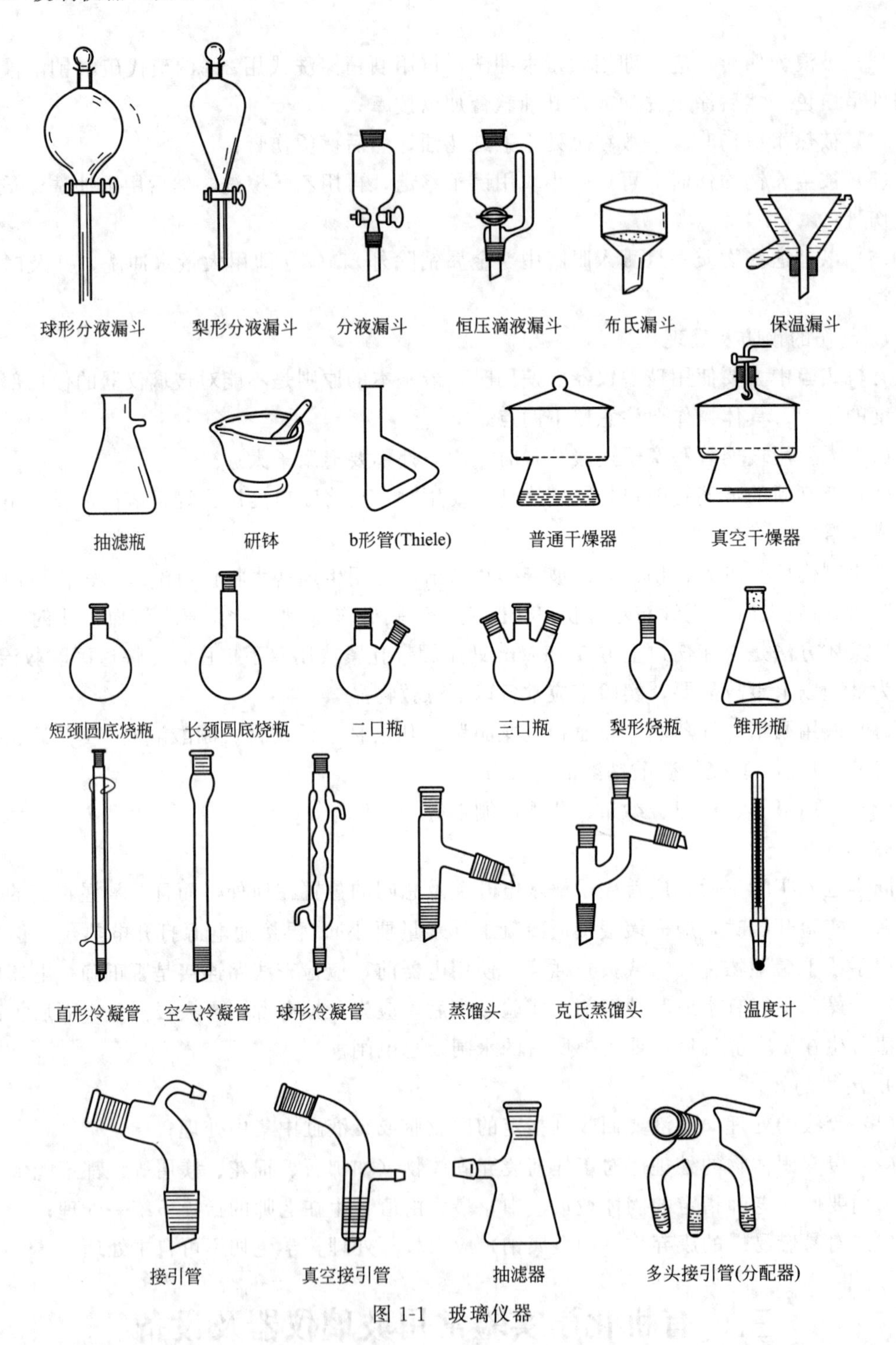

图 1-1 玻璃仪器

2. 玻璃仪器的有关知识

玻璃仪器一般是由软质玻璃和硬质玻璃制作而成的。软质玻璃耐温、耐腐蚀性较差，但是价格便宜。一般用它制作的仪器均不耐温，如普通漏斗、量筒、吸滤瓶、干燥器等。硬质玻璃具有较好的耐温和耐腐蚀性，制成的仪器可在温度变化较大的情况下使用，如烧瓶、烧杯、冷凝器等。

玻璃仪器一般又分为普通口和标准磨口两种。实验室常用的普通玻璃仪器有非磨口锥形瓶、烧杯、普通漏斗、分液漏斗等。常用的标准磨口仪器有圆底烧瓶、三口瓶、蒸馏头、冷凝器、接收管等。

标准磨口仪器根据磨口口径分为10、14、19、24、29、34、40、50等号。相同编号的子口和母口可以连接。当用不同编号的子口和母口连接时，中间可以用一个大小口接头。当使用14/30这种编号时，表明仪器的口径是14mm，磨口长度是30mm。学生使用的常量仪器一般是14号、19号和24号的磨口仪器，微型实验中采用10号磨口仪器。

3. 使用玻璃仪器时注意事项

(1) 使用时，应轻拿轻放。

(2) 不能用明火直接加热玻璃仪器，用电炉加热时应垫石棉网。

(3) 不能用高温加热不耐温的玻璃仪器，如普通漏斗、量筒、吸滤瓶等。

(4) 玻璃仪器使用完后，应及时清洗干净。特别是标准磨口仪器放置时间太久，容易黏结在一起很难拆开。如果发生此情况，可用热水煮黏结处或用热风吹磨口处，使其膨胀而脱落，还可用木槌轻轻敲打黏结处。玻璃仪器最好自然晾干。

(5) 带旋塞或具塞的仪器清洗后，应在塞子和磨口接触处夹放纸片或涂抹凡士林，以防黏结。

(6) 标准磨口仪器处要干净，不能粘有固体物质。清洗时，应避免用去污粉擦洗磨口。否则会使磨口连接不紧密，甚至会损坏磨口。

(7) 仪器安装时应做到横平竖直，磨口连接处不应受到歪斜的应力，以免仪器破裂。

(8) 一般使用时，磨口处无需涂润滑剂，以免粘有反应物或产物。但是反应中使用强碱时则要涂润滑剂，以免磨口连接处因腐蚀而粘结在一起，无法拆开。当减压蒸馏时，应在磨口连接处涂润滑剂（真空脂），保证装置密封性好。

(9) 用温度计时应注意，不要用冷水洗热的温度计，以免炸裂，尤其是水银球部位，应冷却至室温后再冲洗。不能用温度计搅拌液体或固体物质，以免损坏。

(10) 温度计打碎后，要把硫黄粉撒在水银球上，然后汇集在一起处理，不能将水银球冲到下水道中。

4. 仪器的选择

有机化学实验的各种反应装置都是一件件玻璃仪器组装而成的，实验中应根据要求选择合适的仪器。一般选择仪器的原则如下。

(1) 烧瓶的选择　根据液体的体积而定，一般液体的体积应占容器体积的1/3～2/3，进行减压蒸馏和水蒸气蒸馏时，液体体积不应超过烧瓶容积的1/2。

(2) 冷凝管的选择　一般情况下，回流用球形冷凝管，蒸馏用直形冷凝管。当蒸馏温度超过140℃时，可改用空气冷凝管，以防温差较大时，直形冷凝管受热不均匀而炸裂。

(3) 温度计的选择　实验室一般备有100℃、200℃、300℃三种温度计，根据所测温度可选用不同的温度计。一般选用的温度计要比被测温度高10～20℃。

5. 常用的常量反应装置

在有机实验中，安装好实验装置是做好实验的基本保证。反应装置一般根据实验要求组合。常用的反应装置介绍如下。

(1) 回流装置　在实验中，有些反应和重结晶样品的溶解往往需要煮沸一段时间。为了不使反应物和溶剂的蒸气逸出，常在烧瓶口垂直装上球形冷凝管，冷却水自下而上流动，这就是一般的回流装置。回流操作时应注意两点：第一，加热前不要忘记加沸石；第二，蒸气上升应控制在不超过第二个球为宜。图 1-2 介绍了 5 种常用回流装置。

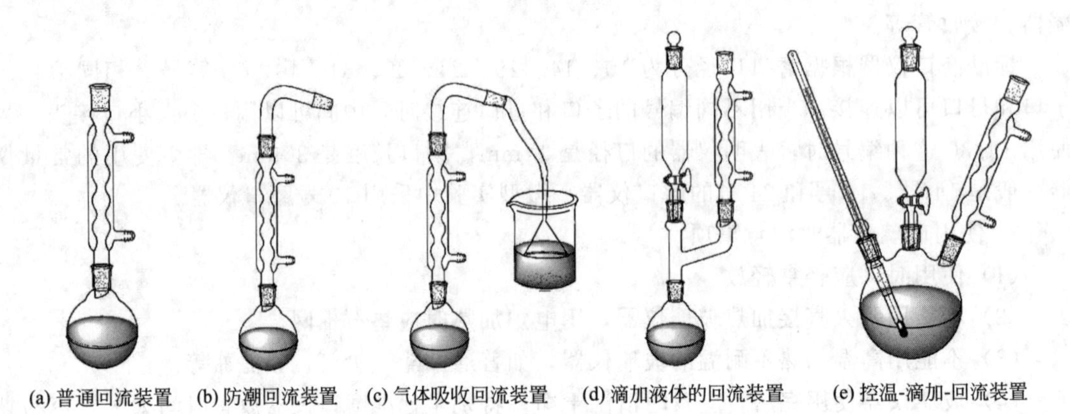

(a) 普通回流装置　(b) 防潮回流装置　(c) 气体吸收回流装置　(d) 滴加液体的回流装置　(e) 控温-滴加-回流装置

图 1-2　常用回流装置

（2）气体吸收装置　气体吸收装置一般都是采用水吸收的办法，因此，被吸收的有刺激性气味的气体必须具有水溶性（如氯化氢、二氧化硫等）。对于酸性物质，有的需用稀碱液吸收。

（3）分水回流装置　分水回流装置是在烧瓶和冷凝管之间插入一个分水器，根据不同的需要有两种形式（见图 1-3）。

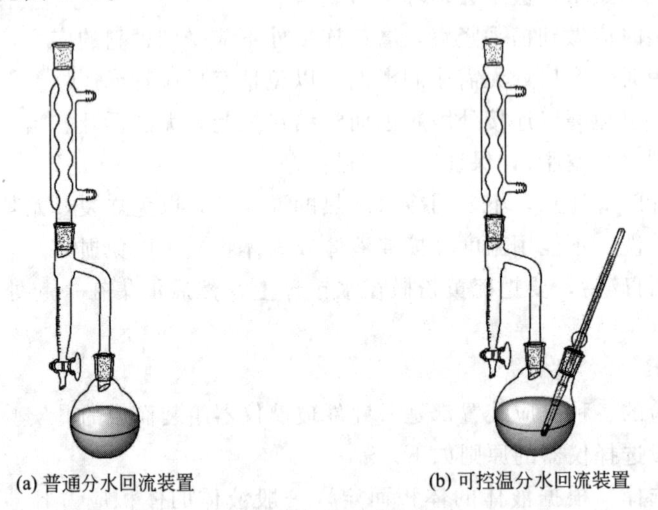

(a) 普通分水回流装置　(b) 可控温分水回流装置

图 1-3　分水回流装置

（4）搅拌装置　有些反应是在均相溶液中进行的，一般不用搅拌。但是，很多反应是在非均相溶液中进行的，或反应物之一是逐渐滴加的，这种情况需要搅拌。图 1-4 是三个常用的搅拌装置，其中（a）是可测量反应温度的回流搅拌装置，（b）是可以同时进行搅拌、回流和滴加液体的装置，（c）是集测温、滴加、回流于一体的搅拌装置。

6. 仪器的安装与拆卸

安装仪器时，应选择好仪器的位置，要先下后上，先左后右，逐个将仪器固定组装。所有的仪器要横平竖直，所有的铁架、铁夹、烧瓶夹都要在玻璃仪器的后面。拆卸的方式则和组装的方向相反。拆卸前，应先停止加热，移走热源，待稍冷却后，取下产物，然后再逐个

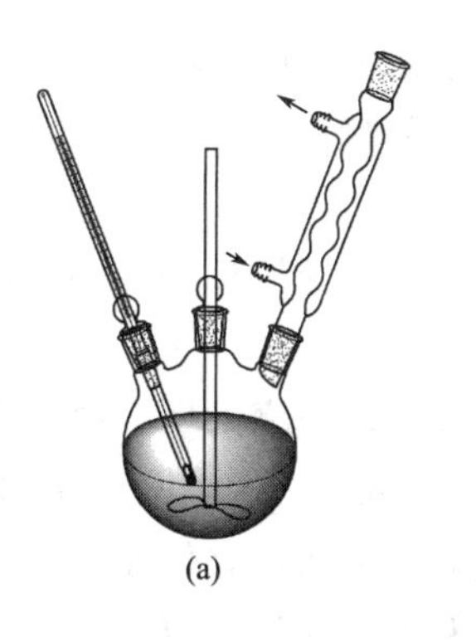
(a)
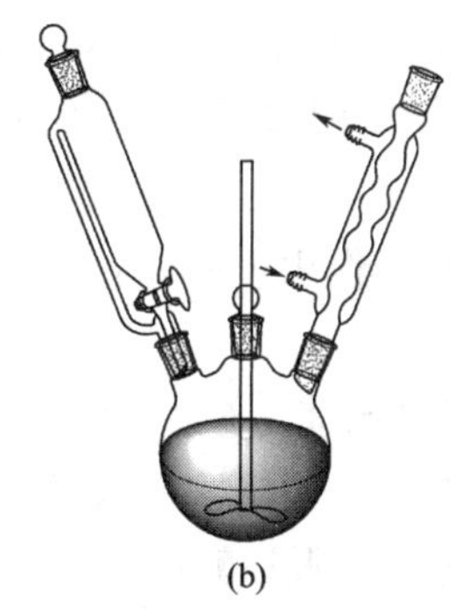
(b)
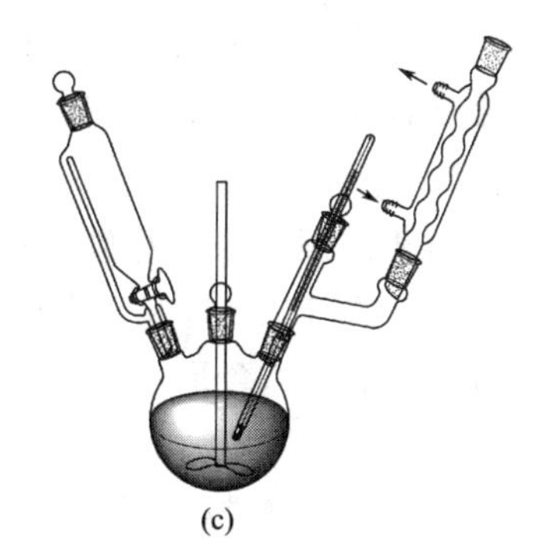
(c)

图 1-4　搅拌装置

拆掉，拆冷凝管时要注意不要将水洒在电热套上。

7. 电器设备

（1）电子天平　电子天平是实验室常用的称量设备。ScoutⅡ电子天平是一种感应敏锐的精密称量仪器。它采用前面板控制，具有简单易懂的菜单，可自动关机。学生在使用前请仔细阅读使用说明或认真听取指导教师讲解。

（2）电热套　是有机实验中常用的间接加热设备，分不可调和可调两种。用玻璃纤维丝与电热丝编织成半圆形的内套，外边加上金属外壳，中间填上保温材料。根据内套直径的大小分为 50mL、250mL、500mL 等规格，最大可到 3000mL。此设备使用较安全。用完后放在干燥处。

（3）电动搅拌机　电动搅拌机一般用于常量的非均相反应时搅拌液体反应物。使用时要注意以下几点。

a. 应先将搅拌棒与电动搅拌器连接好。

b. 再将搅拌棒用套管或塞子与反应瓶固定好。

c. 在开动搅拌机前，应用手先空试搅拌机转动是否灵活。如不灵活，应找出摩擦点，进行调整，直至转动灵活。

d. 如电机长期不用，应向电机的加油孔中加一些机油，以保证电机正常运转。

（4）磁力加热搅拌器　磁力加热搅拌器可同时进行加热和搅拌，特别适合微型实验。搅拌的产生是通过转动的磁铁来带动容器中搅拌磁子的转动，转速可通过调速器调节。

（5）烘箱　实验室一般使用的是恒温鼓风干燥箱，它主要用于干燥玻璃仪器或无腐蚀性、热稳定性好的药品。使用时首先打开加热开关（一般开到 1，需急速烘干时可开到 2)，然后设定好温度（烘玻璃仪器一般控制在 100～110℃)。刚洗好的仪器，应将水控干后再放入烘箱中，要先放上层，后放下层，以防止湿仪器上的水滴到热仪器上造成炸裂。热仪器取出后，不要马上碰冷的物体，如冷水、金属用具等。带旋塞或具塞的仪器，应取下塞子后再放入烘箱中烘干。

（6）循环水多用真空泵　循环水多用真空泵以循环水作为流体，是利用射流产生负压的原理而设计的，广泛用于蒸发、蒸馏、结晶、过滤、减压、升华等操作中。由于水可以循环使用，避免了直排水的现象，节水效果明显，是实验室理想的减压设备，一般用于对真空度要求不高的减压体系中。

使用时应注意以下几点。

a. 真空泵抽气口最好接一个缓冲瓶，以免停泵时水被倒吸入反应瓶中，使反应失败。

b. 开泵前，应检查是否与体系接好，然后，打开缓冲瓶上的旋塞。开泵后，用旋塞调至所需要的真空度。关泵时，先打开缓冲瓶上的旋塞，拆掉与体系的接口，再关泵。切忌相反操作。

c. 有机溶剂对水泵的塑料外壳有溶解作用，所以，应经常更换（或倒干）水泵中的水，以保持水泵的清洁完好和真空度。

(7) 油泵　油泵是实验室常用的减压设备。它多用于对真空度要求较高的反应中。其效能取决于泵的结构及油的好坏（油的蒸气压越低越好），好的油泵能抽到 10～100Pa 以上的真空度。在用油泵进行减压蒸馏时，溶剂、水和酸性气体会造成对油的污染，使油的蒸气压增加，降低真空度，同时，这些气体可以腐蚀泵体。为了保护泵和油，使用时应注意做到以下几点。

a. 定期换油；

b. 干燥塔中的氢氧化钠、无水氯化钙如已结成块状应及时更换。

(8) 旋转蒸发器　旋转蒸发器可用于快速浓缩或其他回收、蒸发有机溶剂的场合。由于它使用方便，在有机实验室中被广泛使用。此装置可在常压或减压下使用，可一次进料，也可分批进料。由于蒸发器在不断旋转，可免加沸石而不会暴沸。同时，液体附于壁上形成了一层液膜，加大了蒸发面积，使蒸发速度加快。

四、有机化学实验的实施方法

1. 加热方法

有机实验中最常用的是间接加热的方法（如电热套），而直接用火焰加热玻璃器皿很少被采用，因为剧烈的温度变化和不均匀的加热会造成玻璃仪器破损，引起燃烧甚至爆炸事故的发生。另外，由于局部过热，还可能引起部分有机化合物的分解。为了避免直接加热带来的问题，加热时可根据液体的沸点、有机化合物的特征和反应要求选用适当的加热方法。下面介绍几种间接加热的方法（常用热浴物质的极限加热温度见表 1-4）。

表 1-4　常用热浴物质的极限加热温度

热浴物质	最高极限温度/℃	热浴物质	最高极限温度/℃
水	98	甘油	220
石蜡油	200	浓硫酸	250
石油润滑油	300	6 份浓硫酸加 4 份硫酸钾	325
石蜡	310	加氢油脂	250

(1) 空气浴　空气浴就是让热源把局部空气加热，空气再把热能传导给反应容器。

电热套加热是简便的空气浴加热，能从室温加热到 300℃左右，是有机实验中最常用的加热方法。安装电热套时，要使反应瓶的外壁与电热套内壁保持 1cm 左右的距离，以便利用热空气传热和防止局部过热等。

(2) 水浴　当所需加热温度在 80℃以下时，可将容器浸入水浴中，热浴液面应略高于容器中的液面，勿使容器底触及水浴锅底。

若长时间加热，水浴中的水会汽化蒸发，可采用电热恒温水浴。还可在水面上加几片石蜡，石蜡受热熔化后覆盖在水面上，可减少水的蒸发。

(3) 油浴　加热温度在80～250℃时可用油浴，也常用电热套加热。

油浴所能达到的最高温度取决于油的种类。若在植物油中加入1%的对苯二酚，可增加油在受热时的稳定性。甘油和邻苯二甲酸二丁酯的混合液适合于加热到140～180℃，温度过高则分解。甘油吸水性强，放置过久的甘油，使用前应先蒸去其吸收的水分，然后再用于油浴。液体多聚乙二醇可加热到180～200℃，加热时无蒸气逸出，遇水不会暴沸与喷溅。液体石蜡可加热到220℃以上，温度稍高，虽不易分解，但易燃烧。固体石蜡也可加热到220℃以上，其优点是便于保存。硅油和真空泵油在250℃以上时较稳定，但价格较贵。

用油浴加热时，要在油浴中装置温度计（温度计的水银球不要放到油浴锅底），以便随时观察和调节温度。

油浴所用的油不能有水溅入，否则加热时会产生泡沫或爆溅。使用油浴时，要特别注意防止油蒸气污染环境和引起火灾，为此可用一块中间有圆孔的石棉板盖住油浴锅。

(4) 砂浴　砂浴使用方便，可加热到350℃。它由铁制容器内盛细砂组成，常常不易控制温度，使用较少。

除了以上介绍的几种方法外，还有其他的加热方法（如电热法等），无论用何种方法加热，都要求加热均匀而稳定，尽量减少热损失，以适于实验的需要。

2. 冷却方法

有机合成反应中，有时会产生大量的热，使得反应温度迅速升高，如果控制不当，可能起副反应或使反应物蒸发，甚至会发生冲料和爆炸事故。需要把温度控制在一定范围内，需要进行适当的冷却。有时为了降低溶质在溶剂中的溶解度或加速结晶析出，也要采用冷却方法。

(1) 冰水冷却　可用冷水在容器的外壁流动，或把容器浸在冷水中，交换走热量。也可用水和碎冰的混合物作冷却剂，其冷却效果比单用冰块好。如果水不影响反应进行时，也可将碎冰直接投入反应器中，以便更有效地保持低温。

(2) 冰盐冷却　反应要在0℃以下进行操作时，常用按不同比例混合的碎冰和无机盐作冷冻剂（见表1-5）。把盐研细，把冰砸成小碎块，使盐均匀包在冰块上。在使用过程中应随时搅动冰。

表1-5　常用冰盐冷冻剂及其冷浴的最低温度

冷冻剂	冰盐混合物中盐的含量/%(质量百分数)	最低温度/℃	冷冻剂	冰盐混合物中盐的含量/%(质量百分数)	最低温度/℃
	10	−6.56		22.5	−7.8
NaCl+冰	15	−10.89	$CaCl_2$+冰	29.8	−55
	23	−21.13	KCl+冰	19.75	−11.1
K_2CO_3+冰	39.5	−36.5	NH_4Cl+冰	18.6	−15.8

(3) 干冰或干冰与有机溶剂混合冷却　干冰（固体的二氧化碳）和乙醇、异丙醇、丙酮、乙醚或氯仿混合，可冷却到−50～−78℃。应将这种冷却剂放在杜瓦瓶（广口保温瓶）中或其他绝热效果好的容器中，以保持其冷却效果。

(4) 低温浴槽　低温浴槽是一个小冰箱，冰室口向上，蒸发面用筒状不锈钢槽代替，内装酒精，外设压缩机循环氟利昂制冷。压缩机产生的热量可用水冷或风冷散去。可装外循环泵使冷酒精与冷凝器连接循环，还可装温度计等指示器。反应瓶浸在酒精液体中，适于

－30～30℃范围的反应使用。

以上制冷方法供选用。注意温度低于－38℃时，由于水银会凝固，因此不能用水银温度计。

对于较低的温度，应采用添加少许颜料的有机溶剂（乙醇、甲苯、正戊烷）低温温度计。

3. 干燥方法

干燥是常用的除去固体、液体或气体中少量水分或少量有机溶剂的方法。如在进行有机物波谱分析、定性或定量分析以及测物理常数时，往往要求预先干燥，否则测定结果便不准确。液体有机物在蒸馏前也要干燥，否则沸点前馏分较多，产物损失，甚至沸点也不准。此外许多有机反应需要在无水条件下进行，因此，溶剂、原料和仪器等均要干燥。可见，在有机化学实验中，试剂和产品的干燥具有重要的意义。

(1) 基本原理　干燥方法从原理上可分为物理方法和化学方法两类。

a. 物理方法　物理方法中有烘干、晾干、吸附、分馏、共沸蒸馏和冷冻等。近年来，还常用离子交换树脂和分子筛等方法来进行干燥。

离子交换树脂是一种不溶于水、酸、碱和有机溶剂的高分子聚合物。分子筛是含水硅铝酸盐晶体。它们都可逆地吸附水分，加热解吸除水活化后可重复使用。

b. 化学方法　化学方法采用干燥剂来除水。根据除水作用原理又可分为两种。

第一种能与水可逆地结合，生成水合物，例如：

$$CaCl_2 + nH_2O \rightleftharpoons CaCl_2 \cdot nH_2O$$

第二种与水发生不可逆的化学反应，生成新的化合物，例如：

$$2Na + 2H_2O \longrightarrow 2NaOH + H_2\uparrow$$

使用干燥剂时要注意以下几点。

第一，干燥剂与水的反应为可逆反应时，反应达到平衡需要一定时间。因此，加入干燥剂后，一般最少要2h或更长时间后才能收到较好的干燥效果。因是可逆反应，不能将水完全除尽，故干燥剂的加入量要适当，一般为溶液体积的5%左右。当温度升高时，这种可逆反应的平衡向干燥剂脱水方向移动，所以在蒸馏前，必须将干燥剂滤除。

第二，干燥剂与水的反应为不可逆反应时，蒸馏前不必滤除。

第三，干燥剂只适用于干燥少量水分。若水的含量大，干燥效果不好。为此，萃取时应尽量将水层分净，这样干燥效果好，且产物损失少。

(2) 固体有机化合物的干燥　干燥固体有机化合物，主要是为了除去残留在固体中的少量低沸点溶剂，如水、乙醚、乙醇、丙酮、苯等。由于固体有机物的挥发性比溶剂小，所以可采用蒸发和吸附的方法来达到干燥的目的。常用干燥法如下。

a. 晾干

b. 烘干　用恒温烘箱烘干或用恒温真空干燥箱烘干，用红外灯烘干。

c. 冻干

d. 干燥器干燥　适用于易吸湿或在较高温度下干燥时易变化的物质。干燥器有普通干燥器和真空干燥器两种。

(3) 液体有机化合物的干燥

a. 干燥剂的选择　干燥剂应与被干燥的液体有机化合物不发生化学反应，包括溶解、络合、缔合和催化等作用。例如酸性化合物不能用碱性干燥剂等。各类有机化合物的常用干燥剂见表1-6。

表1-6　各类有机化合物的常用干燥剂

有机化合物	适用的干燥剂	有机化合物	适用的干燥剂
醚类、烷烃、芳烃	$CaCl_2$、Na、P_2O_5	酸类	$MgSO_4$、Na_2SO_4
醇类	K_2CO_3、$MgSO_4$、Na_2SO_4、CaO	酯类	K_2CO_3、$MgSO_4$、Na_2SO_4
醛类	$MgSO_4$、Na_2SO_4	卤代烃	$CaCl_2$、$MgSO_4$、Na_2SO_4、P_2O_5
酮类	K_2CO_3、$MgSO_4$、Na_2SO_4	有机碱类(胺类)	NaOH、KOH

b. 干燥剂的吸水容量和干燥效能　干燥剂的吸水容量是指单位质量干燥剂所吸收水的量。干燥效能是指达到平衡时液体被干燥的程度，对于形成水合物的无机盐干燥剂，常用吸水后结晶水的蒸气压来表示其干燥效能。如硫酸钠形成10个结晶水的水合物，其吸水容量为1.25，在25℃时水蒸气压为260Pa；氯化钙最多能形成6个水的水合物，其吸水容量为0.97，在25℃时水蒸气压为39Pa。可以看出，硫酸钠的吸水容量较大，但干燥效能弱；而氯化钙吸水容量较小，但干燥效能强。在干燥含水量较大而又不易干燥的化合物时，常先用吸水量较大的干燥剂除去大部分水分，再用干燥效能强的干燥剂进行干燥。

c. 干燥剂的用量　用量不足时，达不到干燥的目的，用量太多时，则由于干燥剂的吸附而造成液体的损失，一般投少量干燥剂到液体中，进行振摇，如出现干燥剂附着器壁或相互黏结时，说明用量不够；出现水相，必须用吸管吸出水分，再添加新的干燥剂。

干燥前液体浑浊，干燥后变澄清，可以作为水分基本除去的标志。

五、重要专业文献简介

化学文献是化学领域中科学研究、生产实践等的记录和总结，通过文献的查阅可以了解某个课题的历史情况及目前国内外水平和发展动向。这些丰富的资料能提供大量的信息。学会查阅化学文献，对提高学生分析问题和解决问题的能力，更好地完成有机化学实验这门课程是十分重要的。

现在对常用的有关有机化学文献简介如下。

1. 工具书

(1)《化工辞典》. 第4版 . 北京：化学工业出版社，2000.

(2)《化工产品手册——有机化工原料》. 上、下册 . 北京：化学工业出版社，1985.

(3)《Dictionary of Organic Compounds》. 5th Ed. 1982.

(4) 樊能廷主编 .《英汉精细化学品辞典》. 北京：北京理工大学出版社，1994.

(5) The Aldrich Library of Infrared Spectra. 3rd Ed. The Aldrich Library of FT-IR Spectra. 2nd Ed. Aldrich. 1997.

2. 期刊

发表在专业学术期刊上的原始研究论文是最重要的第一手信息来源，一般以全文、研究简报、短文和研究快报形式发表。

(1) Angewandte Chemie International Edition（应用化学国际版）　1888年创刊（德文），由德国化学会主办，缩写为Angew. Chem. 。从1962年起出版英文国际版，主要刊登覆盖整个化学学科研究领域的高水平研究论文和综述文章，是目前化学学科期刊中影响因子最高的期刊之一。

(2) Journal of the American Chemical Society（美国化学会会志） 本刊1879年创刊，由美国化学会主办，缩写为J. Am. Chem. Soc.。发表所有化学学科领域高水平的研究论文和简报，目前每年刊登化学各方面的研究论文2000多篇，是世界上最有影响的综合性化学期刊之一。

(3) Journal of the Chemical Society（化学会志） 本刊1848年创刊，由英国皇家化学会主办，缩写为J. Chem. Soc.，为综合性化学期刊。1972年起分六辑出版。

(4) Journal of Organic Chemistry（有机化学杂志） 本刊1936年创刊，由美国化学会主办，缩写为J. Org. Chem.，初期为月刊，1971年起改为双周刊。主要刊登涉及整个有机化学学科领域高水平的研究论文的全文、短文和简报。全文中有比较详细的合成步骤和实验结果。

(5) Tetrahedron（四面体） 本刊由英国牛津Pergamon出版，1957年创刊，初期不定期出版，1968年改为半月刊，是迅速发表有机化学方面权威评论与原始研究通讯的国际性杂志，主要刊登有机化学各方面的最新实验与研究论文，多数以英文发表，也有部分文章以德文和法文刊出。

(6) Tetrahedron Letter（四面体快报） 本刊由英国牛津Pergamon出版，是迅速发表有机化学领域研究通讯的国际性刊物，1959年创刊，初期不定期出版，1964年起改为周刊，文章主要以英文、德文或法文发表，一般每期仅2～4页篇幅。主要刊登有机化学家感兴趣的通讯报道，包括新概念、新技术、新结构、新试剂和新方法的简要快报。

(7) Synthetic Communications（合成通讯） 本刊由美国Dekker出版，为一本国际有机合成快报刊物，缩写为Syn. Commun.，1971年创刊，原名为Organic Preparations and Procedures，双月刊。1972年起改为现名，每年出版18期。主要刊登有关合成有机化学的新方法、新试剂制备与使用方面的研究简报。

(8) Synthesis（合成） 本刊由德国斯图加特Thieme出版社出版，为有机合成方法学研究方面的国际性刊物，1969年创刊，主要刊登有机合成化学方面的评述文章、通讯和文摘。

(9)《中国科学》(Chinese Journal of Chemistry)（化学专辑） 本刊由中国科学院主办，1950年创刊，最初为季刊，1974年改为双月刊，1979年改为月刊，有中、英文版。1982年起中、英文版同时分A和B两辑出版，化学在B辑中刊出。从1997年起，《中国科学》分成6个专辑。化学专辑主要反映中国化学学科各领域重要的基础理论方面和创造性的研究成果。目前为SCI（Science Citation Index）收录刊物。

(10)《化学学报》(ACTA Chimica Sinica) 本刊由中国化学会主办，1933年创刊，原名为Journal of the Chinese Society，1952年改为现名，编辑部设在中国科学院上海有机化学研究所。主要刊登化学学科基础和应用基础研究方面的创造性研究论文的全文、研究简报和研究快报。目前为SCI收录刊物。

(11)《高等学校化学学报》(Chemical Journal of Organic Chemistry) 本刊是教育部主办的化学学科综合学术性刊物，1964年创刊，两年后停刊，1980年复刊。有机化学方面的论文由南开大学分编辑部负责审理，其他学科的论文由吉林大学负责审理。该刊物主要刊登中国高校化学学科领域的创造性研究论文的全文、研究简报和研究快报。目前为SCI收录刊物。

(12)《有机化学》(Chinese Journal of Organic Chemistry)　本刊由中国化学会主办，1981年创刊。编辑部设在中国科学院上海有机化学研究所，主要刊登中国有机化学领域创造性的研究综述、论文、研究简报和研究快报。

3. 文摘

文摘提供了发表在杂志、期刊、综述、专利和著作中原始论文的简明摘要。以下主要介绍 Chemical Abstracts (美国化学文摘)。

Chemical Abstracts 简称为 CA，是检索原始论文最重要的参考来源，它创刊于 1907 年。每年发表 50 多万条引自 9000 多种期刊、综述、专利、会议和著作中原始论文的摘要。化学文摘每周出版一期，每 6 个月的月末汇集成一卷。1940 年以来，其索引有作者索引、一般主题索引、化学物质索引、专利号索引、环系索引和分子式索引。1956 年以前，每 10 年还出版一套 10 年用累积索引；目前，每 5 年出版一套 5 年用累积索引。

要有效地使用 CA，特别是其化学物质索引，需要了解化学物质的系统命名法。如今的 CA 命名方法已总结在 1987 年和 1991 年出版的索引指南中，该指南也介绍了索引规律和目前 CA 的使用步骤。例如在 CA 中对每一个文献中提到的物质都给予一个唯一的登录号。在 CA 的文摘中一般包括以下内容：①文题；②作者姓名；③作者单位和通讯地址；④原始文献的来源（期刊、杂志、著作、专利和会议等)；⑤文摘内容；⑥文摘摘录人姓名。还可以利用光盘来检索 CA，只要键入作者姓名、关键词、文章题目、登录号、特定物质的分子式或化学结构式，就能迅速检索到包含上述项目的文摘。在 CA 的光盘版文摘中，除了包含有文摘的卷号、顺序号和与印刷版相同的内容外，还包括了一些与所查项目相关的文摘。

4. 参考书

在有机化学实验中要设计和选定适合某一有机化合物的合成路线和方法，其中包括试剂的处理方法、反应条件和后处理步骤，因而查阅一些有机合成参考书和制备手册是必需的。常见的有机合成参考书如下。

(1) Annual Report in Organic Synthesis. New York：Academic Press.

1970 年出版至今，每年报道有用的合成反应评述。

(2) Compendium of Organic Synthetic Methods. New York：John Wiley&Sons.

该书扼要介绍有机化合物主要官能团间可能的相互转化，并给出原始文献的出处。

(3) Organic Reactions. New York：John Wiley&Sons.

1942 年出版至今，详细地介绍了有机反应的广泛应用，给出了典型的实验操作细节和附表。此外还有作者索引和主题索引。

(4) Organic Synthesis. New York：John Wiley&Sons，1932 年出版至今。

(5) Synthetic Methods of Organic Chemistry，由 W. Theilheimer 和 A. F. Finch 主编，1948 年出版至今，本书着重描述用于构造碳-碳键和碳-杂原子键的化学反应和一般反应功能基之间的相互转化。

(6) 廖清江．有机化学实验．南京：江苏人民出版社，1958.

这是一本国内出版较早的介绍有机化学实验的图书，书中通过代表性化合物的合成，讨论了各类有机化合物的合成方法。

第二篇　有机化学基本操作实验

一、有机化合物物理常数测定

实验一　熔点测定及温度计校正

Melting Point Determination and Thermometer Calibration

【目的与要求】

1. 了解熔点测定的基本原理及应用。
2. 掌握熔点的测定方法和温度计的校正方法。

【基本原理】

熔点是指在一个大气压下，固体化合物固相与液相平衡时的温度，这时固相和液相的蒸气压相等。纯净的固体有机化合物，一般都有一个固定的熔点。图 2-1 表示一个纯粹化合物相组分、总供热和温度之间的关系。当以恒定速率供给热量时，在一段时间内温度上升，固体不熔。当固体开始熔化时，有少量液体出现，固-液两相之间达到平衡，继续供给热量使固相不断转变为液相，两相间维持平衡，温度不会上升，直至所有固体都转变为液体，温度才上升。反过来，当冷却一种纯化合物液体时，在一段时间内温度下降，液体未固化。当开始有固体出现时，温度不会下降，直至液体全部固化后，温度才会再下降。所以纯粹化合物的熔点和凝固点是一致的。

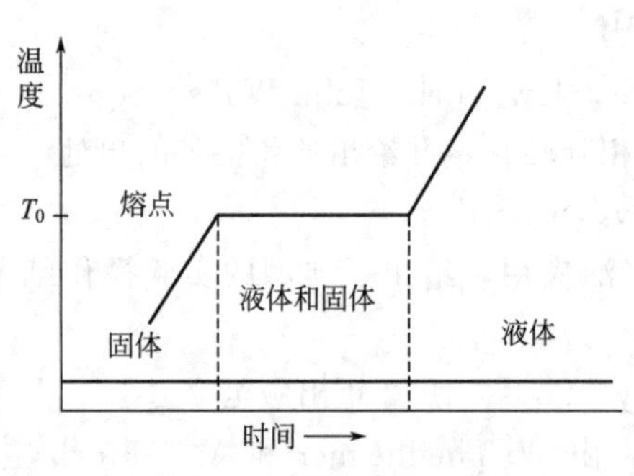

图 2-1　纯粹化合物相图

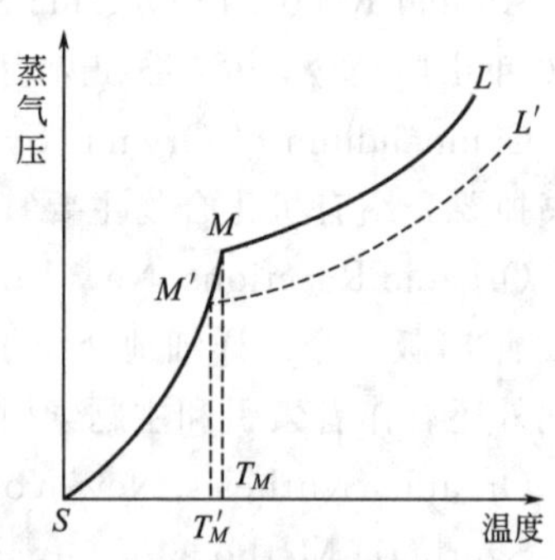

图 2-2　温度与蒸气压关系

因此，要得到正确的熔点，就需要足够量的样品、恒定的加热速率和足够的平衡时间，以建立真正的固液之间的平衡。但实际上有机化学工作者一般情况下不可能获得这样大量的样品。而微量法仅需极少量的样品，操作又方便，故广泛采用微量法。但是微量法不可能达到真正的两相平衡，所以不管是毛细管法，还是各种显微电热法的结果都是一个近似值。

在微量法中应该观测到初熔和全熔两个温度，这一温度范围称为熔程。物质温度与蒸气压的关系如图 2-2 所示，曲线 *SM* 代表固相的蒸气压随温度的变化，*ML* 是液体蒸气压随温度变化的曲线，两曲线相交于 M 点。在这特定的温度和压力下，固液两相并存，这时的温度 T_M 即为该物质的熔点。当温度高于 T_M 时，固相全部转变为液相；低于 T_M 值时，液相全转变为固相。只有固液相并存时，固相和液相的蒸气压是一致的。一旦温度超过 T_M（甚至只有几分之一度时），只要有足够的时间，固体就可以全部转变为液体，这就是纯粹的有机化合物有敏锐熔点的原因。因此，在测定熔点过程中，当温度接近熔点时，加热速度一定要慢。一般每分钟升温不能超过 1～2℃。只有这样，才能使熔化过程近似于相平衡条件，精确测得熔点。纯物质熔点敏锐，微量法测得的熔程一般不超过 0.5～1℃。

根据 Raoult 定律，当含有非挥发性杂质时，液相的蒸气压将降低。此时的液相蒸气压随温度变化的曲线 $M'L'$ 在纯化合物之下。固-液相在 M' 点达平衡，熔点降低，杂质越多，化合物熔点越低（图 2-2）。一般有机化合物的混合物显示这种性质。

利用化合物中混有杂质时，熔点降低、熔程变长的性质可进行化合物的鉴定，这种方法称作混合熔点法。当测得一未知物的熔点与已知某物质的熔点相同或相近时，可将该已知物与未知物混合，测量混合物的熔点，至少要按 1∶9、1∶1、9∶1 这三种比例混合。若它们是相同化合物，则熔点值不降低；若是不同的化合物，则熔点降低，且熔程变长。

【仪器与试剂】

仪器　提勒管，毛细管，温度计，酒精灯，显微熔点仪，研钵。

试剂　尿素，苯甲酸，尿素与苯甲酸混合物。

【实验步骤】

1. 毛细管法

毛细管法是最常用的熔点测定法，装置如图 2-3 所示，操作步骤如下。

（1）将 1mm×100mm 毛细管一端在酒精灯上转动加热，烧熔封闭。

（2）取少许干燥的粉末状样品放在表面皿上研细后堆成小堆，将熔点管开口端插入样品中，装取少量粉末。使熔点管从一根长约 50～60cm 高的玻璃管中落到表面皿上，多重复几次，使样品装填紧密，否则，装入样品如有空隙则传热不均匀，影响测定结果。最后装入2～3mm 高样品。

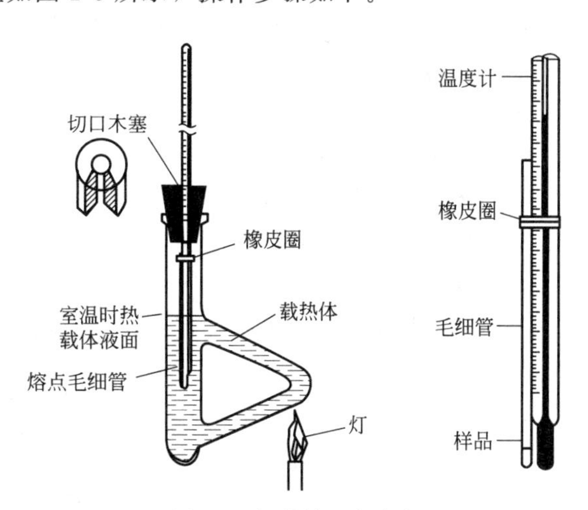

图 2-3　提勒管测定熔点

（3）把提勒（Thiele）管（又称 b 形管）中装入载热体（可根据所测物质的熔点选择，一般用甘油、液体石蜡、硫酸、硅油等），液面略高于上支管。

（4）用乳胶圈把毛细管捆在温度计上，毛细管中的样品应位于水银球的中部，拥有缺口的木塞或橡皮塞作支撑套入温度计放到提勒管中，并使水银球处在提勒管的两叉口中部。

（5）如图 2-3 连好装置，加热。载热体被加热后在管内呈对流循环，使温度变化比较均匀。

在测定已知熔点的样品时，可先以较快速度加热，在距离熔点约 10℃时，应以每分钟 1～2℃的速度加热，愈接近熔点，加热速度愈慢，直到测出熔程。在测定未知熔点的样品时，应先粗测熔点的范围，再如上述方法细测。测定时，应观察和记录样品开始塌落并有液相产生时（始熔）的温度读数，以及样品完全熔化变为透明液体时（全熔）的温度，所得数据即为该物质的熔程。还要观察和记录在加热过程中是否有萎缩、变色、发泡、升华及炭化等现象，以供分析参考。

熔点测定至少要有两次重复数据，每次要用新毛细管重新装入样品。

2. 显微熔点仪测定熔点

特点是使用样品量少（2～3 颗小结晶），测量的熔点范围为室温至 300℃的样品，可观察晶体在加热过程中的变化情况，如结晶的失水、多晶的变化及分解。

其具体操作如下：在干净且干燥的载玻片上放微量晶粒并盖一片载玻片，放在加热台上调节反光镜、物镜和目镜，使显微镜焦点对准样品，开启加热器。先快速后慢速加热，温度快升至熔点时，控制温度上升的速度为每分钟 1～2℃。当样品开始有液滴出现时，表示熔化已开始，记录初熔温度。样品逐渐熔化直至完全变成液体，记录全熔温度。

3. 数字熔点仪测定熔点

特点是测量的熔点范围为室温～300℃的样品，测量准确（数字温度显示最小读数 0.1℃；小于 200℃范围内：±0.5℃，200～300℃范围内：±0.8℃）。

工作原理：物质在结晶状态时反射光线，在熔融状态时透射光线。因此，物质在熔化过程中随着温度的升高会产生透光度的跃变。

操作步骤如下。

（1）升温控制开关扳至外侧，开启电源开关，稳定 20min，此时，保温灯、初熔灯亮，电表偏向右方，初始温度为 50℃左右。

（2）通过拨盘设定起始温度，通过起始温度按钮输入此温度，此时预置灯亮。

（3）选择升温速率，将波段开关扳至需要位置。

（4）当预置灯熄灭时，起始温度设定完毕，可插入样品毛细管。此时电表基本指零，初熔灯熄灭。

（5）调零，使电表完全指零。

（6）按动升温钮，升温指示灯亮。

（7）数分钟后，初熔灯先闪亮，然后出现终熔读数显示，欲知初熔读数按初熔钮即得。

4. 温度计校正

一般从市场购来的温度计，使用前需对其进行校正。校正方法有如下两种。

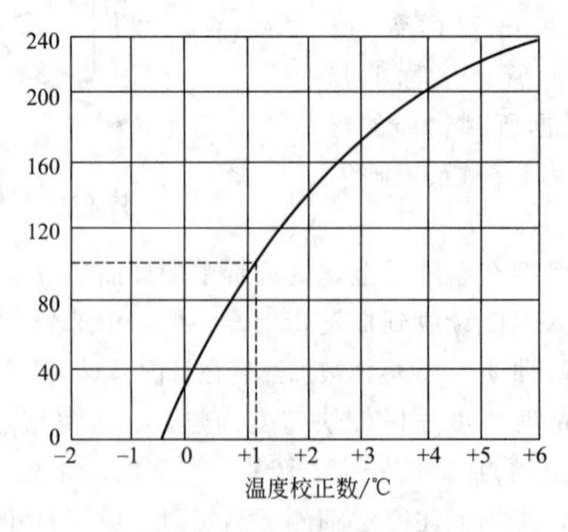

图 2-4　定点法温度计校正图

（1）比较法　选一只标准温度计与要进行校正的温度计在同一条件下测定温度。比较其指示的温度值。

（2）定点法　选择数种已知准确熔点的标准样品，测定它们的熔点，以观察到的熔点（t_2）为纵坐标，与标准样准确熔点（t_1）之差（Δt）作横坐标，画出校正曲线，如图 2-4 所示，从图中求得校正后的正确温度误差值。例如测得的温度为 100℃，则校正后应为 101.10℃。

实验二　沸点的测定

Boiling Point Determination

【目的与要求】

1. 了解沸点测定的基本原理。
2. 掌握沸点的测定方法。

【基本原理】

由于分子运动，液体分子有从表面逸出的倾向，这种倾向常随温度的升高而增大。即液体在一定温度下具有一定的蒸气压，液体的蒸气压随温度的升高而增大。

将液体加热时，其蒸气压随温度升高而不断增大。当液体的蒸气压增大至与外界施加给液体的总压力（通常是大气压力）相等时，就有大量气泡不断从液体内部溢出，即液体沸腾，此时的温度称为液体的沸点。液体的沸点与外界压力有关，外界压力不同，同一液体的沸点会发生变化。通常所说的沸点是指外界压力为一个大气压时的液体沸腾温度。

在一定压力下，纯的液体有机物具有较为固定的沸点。但当液体不纯时，则沸点有一个温度稳定范围，常称为沸程。

测定沸点的方法一般有两种。

（1）常量法　用蒸馏法来测定液体的沸点（见本篇实验七）。

（2）微量法　利用沸点测定管来测定液体的沸点。沸点测定管由内管和外管两部分组成。

内管可用测熔点用的毛细管，外管是特制的沸点管。内外管均为一端封闭的耐热玻璃管，如图 2-5 所示。

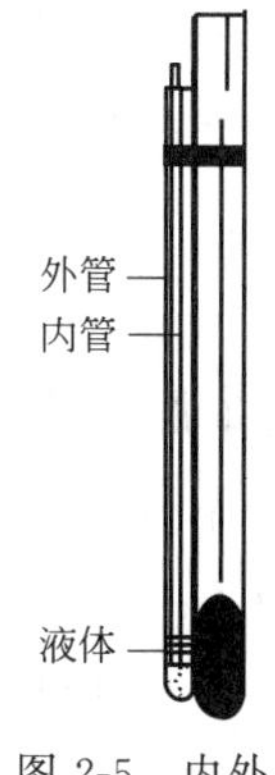

图 2-5　内外管测定沸点

【仪器与试剂】

仪器　毛细管，沸点管，温度计。

试剂　乙醇，甘油。

【实验步骤】

1. 沸点管的制备

沸点管由内、外管组成。外管为一根内径 3～4mm，长约 6cm，底端封闭的玻璃管。取一根内径约 1mm、长约 7cm 的毛细管作为内管，在酒精灯上加热将其一端封闭，待用。

2. 加样

置 1～2 滴无水乙醇样品于沸点管的外管中（液高约 2～3mm），放入内管（封闭的那一端向上，开口端向下）。然后将沸点管用橡皮圈附于温度计上（样品位置在水银球中央，见图 2-5）。把温度计及所附的管子一起放入提勒管中，用带有缺口的橡皮塞加以固定，橡皮圈应在热载体（甘油）液面以上（见图 2-3）。

3. 升温

以每分钟 4～5℃的速度加热升温，随着温度升高，内管内的气体分子动能增大，表现出蒸气压增大。随着不断加热，液体分子的汽化增快，可以看到内管中有小气泡冒出。

4. 读数

当温度达到比沸点稍高时就有一连串的气泡从内管快速逸出（同时排出内管中的空气），此时停止加热，使浴温自行下降。随着温度的下降，气泡逸出的速度渐渐减慢。在气泡不再冒出而液体刚刚要进入内管的瞬间（即最后一个气泡刚欲缩回内管中时——要注意细心观察），表示此时毛细管内蒸气压与外界相等，记下该温度，此温度即为该液体的沸点。测定时加热要慢，外管中的液体量要足够多。重复操作几次，误差应小于 1℃。

【思考题】

1. 何谓沸点？液体的沸点与蒸气压有什么关系？
2. 测熔点与微量法测沸点在仪器上有何异同处？

实验三　折射率的测定

Determination of Refractive Index

折射率与熔点、沸点等物理常数一样，是有机化合物的重要数据。测定所合成有机化合物的折射率与文献值对照，可以判断有机物纯度。将合成出来的化合物，通过结构及化学分析论证后，测得的折射率可作为一个物理常数记载。

【目的与要求】

1. 掌握折射率的概念及表示方法。
2. 熟悉阿贝折光仪的原理和使用方法。

【基本原理】

光在两种不同介质中的传播速度是不同的。光线从一种介质进入另一种介质，当它的传播方向与两种介质的界面不垂直时，则在界面处的传播方向发生改变。这种现象称为折射。

根据折射定律，波长一定的单色光在确定的外界条件下（温度、压力等），从一种介质 A 进入另一种介质 B 时，入射角 α 和折射角 β 的正弦之比与两种介质的折射率 N 与 n 之比成反比：$\sin\alpha/\sin\beta=n/N$

当介质 A 为真空时，$N=1$，n 为介质 B 的绝对折射率，则有

$$\sin\alpha/\sin\beta=n$$

如果介质 A 为空气，$N_{空气}=1.00027$（空气的绝对折射率），则

$$\sin\alpha/\sin\beta=n/N_{空气}=n/1.00027=n'$$

n'为介质 B 的相对折射率。n 与 n'数值相差很小，常以 n 代替 n'。但进行精密测定时，应加以校正。n 与物质结构、光线的波长、温度及压力等因素有关。通常大气压的变化影响不明显，只是在精密工作时才考虑。使用单色光要比白光时测得的 n 值更为精确，因此，常

用钠光（D）（λ=28.9nm）作光源。测定温度可用仪器使之维持恒定值，如可在恒温水浴槽与折光仪间循环恒温水来维持恒定温度。一般温度升高（或降低）1℃时，液体有机化合物的折射率就减少（或增加）3.5×10^{-4}～5.5×10^{-4}。为了简化计算，常采用4×10^{-4}为温度变化常数。折射率表示为n_D^{20}，即以钠光灯为光源，20℃时所测定的n值。

测折射率所用阿贝（Abbe）折光仪工作原理及使用方法如下。

1. 仪器工作原理

折光仪的基本原理即为折射定律：

$$n_1\sin\alpha=n_2\sin\beta$$

式中，n_1、n_2为交界面两侧的两种介质的折射率。

若光线从折射率较小的介质射入折射率大的介质时，入射角一定大于折射角。当入射角增大时，折射角也增大。设当入射角α=90°时，折射角达到最大值，用β_0表示，此折射角被称为临界角。因此，当在两种界面上以不同角度射入光线时（入射角α从0～90°），光线经过折射率大的介质后其折射角$\beta<\beta_0$，其结果是大于临界角的部分不会有光，成为黑暗部分，小于临界角的部分有光，成为明亮部分，如图2-6所示。

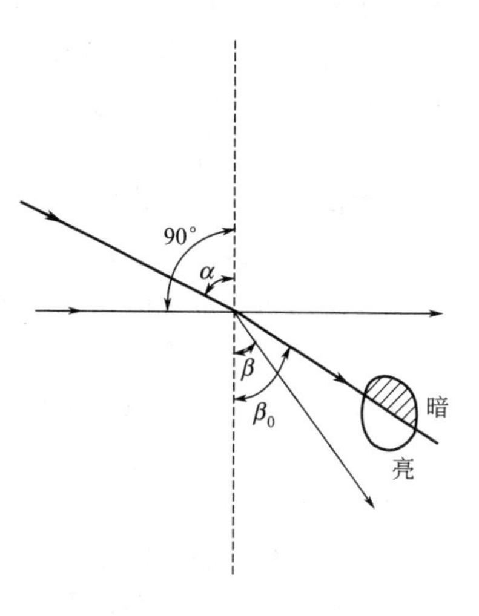

图2-6　光的折射现象

根据下式可得：

$$n_1=\frac{\sin\beta_0}{\sin\alpha}n_2=n_2\sin\beta_0$$

因此，在固定一种介质后，临界角β_0的大小与被测物质的折射率呈简单的函数关系，可以方便地求出另一种物质的折射率。

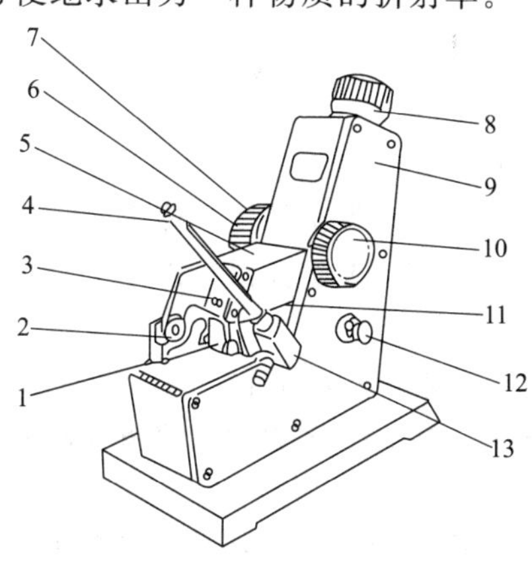

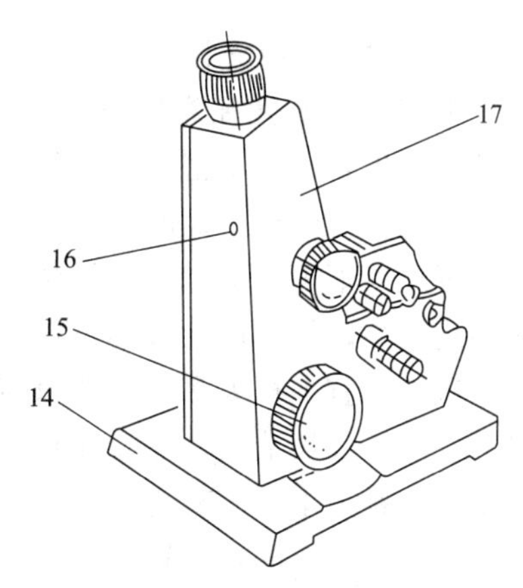

图2-7　阿贝折光仪结构图

1—反射镜；2—转轴；3—遮光板；4—温度计；5—进光棱镜座；6—色散调节手轮；7—色散值刻度圈；8—目镜；9—盖板；10—锁紧手轮；11—折射标棱镜座；12—照明刻度盘聚光镜；13—温度计座；14—底座；15—折射率刻度调节手轮；16—校正螺钉；17—壳体

2. 阿贝折光仪的结构

阿贝折光仪的结构见图2-7，其主要组成部分是两块直角棱镜，上面一块是光滑的，下面一块的表面是磨砂的，可以开启。左面是一个镜筒和刻度盘，刻有1.300～1.7000的刻度格子。右面也有一个镜筒，是测量望远镜，用来观察折射情况，筒内装有消色散镜。光线由反射镜反射入下面的棱镜，发生漫反射，以不同入射角射入两个棱镜之间的液层，然后再投射到上面棱镜光滑的表面上，由于它的折射率很高，一部分光线可以再经折射进入空气达到测量镜，另一部分光线则发生全反射。调节消色散手轮可使测量镜中的视野达到要求。从读数镜中读出折射率。

3. 阿贝折光仪的使用方法

(1) 仪器安装　将阿贝折光仪安放在明亮处，但应避免阳光的直接照射，以免液体试样受热迅速蒸发。用橡皮管将超级恒温槽与阿贝折光仪串联起来，使超级恒温槽中的恒温水通入棱镜夹套内，检查插入棱镜夹套中的温度计的读数是否符合要求［一般选用 (20.0±0.1)℃或 (25.0±0.1)℃］。

(2) 加样　松开锁钮，开启辅助棱镜，使其磨砂的斜面处于水平位置，用滴管加入少量丙酮清洗镜面，并用擦镜纸将镜面擦干净。待镜面洗净干燥后，滴加数滴 (2～3 滴) 试样于辅助棱镜的磨砂镜面上，迅速闭合辅助棱镜，旋紧锁钮。若挥发性很大的样品，则可在合上辅助棱镜后再由棱镜的加液槽滴入试样，然后闭合二棱镜，旋紧锁钮。

(3) 对光　转动手轮，使刻度盘标尺上的示值为最小，调节反射镜，使入射光进入棱镜组。同时，从测量望远镜中观察，使视场最亮。调节目镜，使十字线清晰明亮。

(4) 粗调　转动手轮，使刻度盘标尺上的示值逐渐增大，直至观察到视场中出现彩色光带或黑白分界线为止。

(5) 消色散　转动消色散手轮，使视场内出现一清晰的明暗分界线。

(6) 精调　再仔细转动手轮，使分界线正好处于十字线交点上，三线相交。

(7) 读数　从读数望远镜中读出刻度盘上的折射率数值，常用的阿贝折光仪可读至小数点后的第四位。为了使读数准确，一般应将试样重复测量三次，每次相差不得大于 0.0002，然后取平均值。

(8) 测量完毕　打开棱镜，并用擦镜纸擦净镜面。

4. 阿贝折光仪使用注意事项

阿贝折光仪是一种精密的光学仪器，使用时应注意以下几点。

(1) 阿贝折光仪最关键的地方是一对棱镜，使用时应注意保护棱镜，擦镜面时只能用擦镜纸而不可用滤纸等。加试样时切勿将管口触及镜面。滴管口要烧光滑，以免不小心碰到镜面造成刻痕。酸碱等腐蚀性液体不得使用阿贝折光仪。

(2) 试样不宜加得太多，一般只需滴入 2～3 滴，铺满一薄层即可。

(3) 要保持仪器清洁，注意保护刻度盘。每次实验完毕，要用柔软的擦镜纸擦净。干燥后放入箱中，镜上不准有灰尘。

(4) 读数时，有时在目镜中看不到半明半暗界线而是畸形的，这是由于棱镜间未充满液体；若出现弧形光环，则可能是有光线未经过棱镜而直接照射在聚光透镜上。

(5) 若液体折射率不在 1.3～1.7 范围内，则阿贝折光仪不能测定，也看不到明暗界线。

(6) 长期使用，刻度盘的标尺零点可能会移动，须加以校正。校正的方法是，用一已知折射率的液体，一般是用纯水，按上述方法进行测定，其标准值与测定值之差即为校正值。亦可使用专用调节器直接调节目镜前面凹槽中的调节螺丝。只要先将刻度盘读数与标准液体的折射率对准，再转动调节螺丝，直至临界线与十字线三线相交一点，仪器就校正完毕。

【仪器与试剂】

仪器　阿贝折光仪。

试剂　蒸馏水，乙醇，丙酮，乙酸乙酯，丁香油。

【实验步骤】

按阿贝折光仪的使用方法，重复两次测得纯水的平均折射率，并与纯水标准值对照，可求得折光仪的校正值。然后以同样的方法测定乙醇、丙酮、乙酸乙酯、丁香油的折射率。

纯水标准值：n_D^{20} 1.3330。

【思考题】

1. 有哪些因素影响物质的折射率？
2. 使用阿贝折射仪有哪些注意事项？

实验四　旋光度的测定

Determination of Optical Rotation

【目的与要求】

1. 掌握比旋光度的概念及表示方法。
2. 熟悉旋光仪的原理和使用方法。

【基本原理】

具有手性的物质，能使偏振光振动平面旋转。即当一束单一的平面偏振光通过手性物质时，偏振光的振动方向会发生改变，此时光的振动面旋转一定的角度，这种现象称为物质的旋光现象。物质的这种使偏振光的振动面旋转的性质叫做旋光性。许多有机化合物，尤其是来自生物体内的大部分天然产物，如氨基酸、生物碱和碳水化合物等，都具有旋光性。凡是具有旋光性的物质叫做旋光物质或光活性物质。由于旋光物质使偏振光振动面旋转时可以右旋（记做“＋”）也可以左旋（记做“－”），所以旋光物质又可分为右旋物质和左旋物质。

物质使偏振光振动面旋转的角度和方向称为旋光度，常以 α 表示。旋光度是旋光物质的一种物理性质，它的大小除了取决于被测分子的立体结构外，还受到测定溶液的浓度、偏振光通过溶液的厚度（旋光管的长度）以及温度、偏振光的波长等因素的影响。

物质的旋光性一般用比旋光度表示，符号为 $[\alpha]_\lambda^t$。与旋光度的关系如下：

$$\text{纯液体的比旋光度}[\alpha]_\lambda^t=\frac{\alpha}{Ld}$$

$$\text{溶液的比旋光度}[\alpha]_\lambda^t=\frac{\alpha}{Lc}$$

式中，$[\alpha]_\lambda^t$ 表示温度为 t，光源波长为 λ 时的旋光度，光源用钠光时，用 $[\alpha]_D^t$ 表示；t 为测定时的温度；d 为密度，g/cm^3；λ 为光源的光波长，一般用钠光，λ 为 589.3nm；α 为旋光度；L 为旋光管的长度，dm；c 为质量浓度，g/mL。

比旋光度是物质的特性常数之一，测定比旋光度可以判定旋光性物质的纯度和种类。

测定旋光度所用仪器为旋光仪，目前常用的有目测旋光仪和自动旋光仪。

1. 目测旋光仪

(1) 基本原理

旋光仪的基本原理如图 2-8 所示，外观结构如图 2-9 所示。

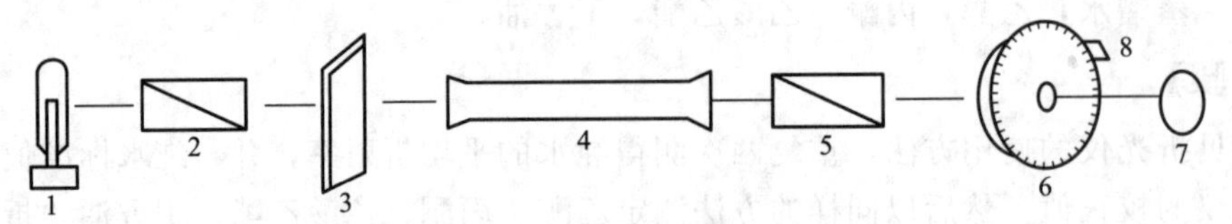

图 2-8　旋光仪的基本原理

1—光源；2—起偏镜；3—半阴片；4—盛液管；5—检偏镜；6—刻度盘；7—目镜；8—固定标

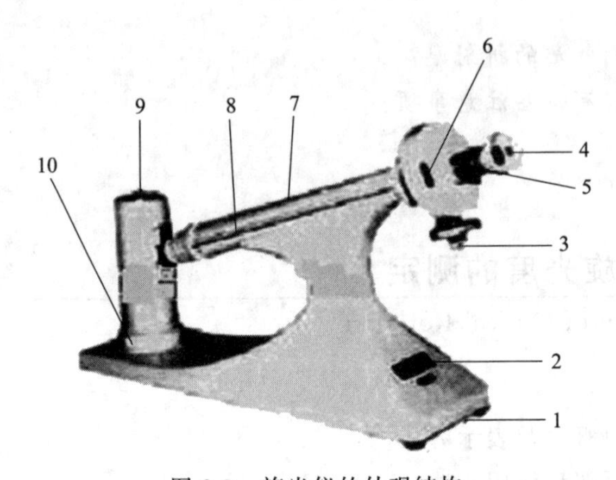

图 2-9　旋光仪的外观结构

1—底座；2—电源开关；3—度盘转动手轮；4—放大镜座；5—视度调节螺旋；
6—度盘游标；7—镜筒盖；8—镜筒；9—灯罩；10—灯座

光源为钠光灯，其发出波长为 589.3nm 的单色光（钠光）。起偏镜是由两块光学透明的方解石粘合而成，也叫尼科尔（Nicol）棱镜，作用是使自然光通过后产生所需要的平面偏振光。当偏振光通过盛有旋光性物质的旋光管后，因物质的旋光性使偏振光不能通过第二个棱镜（检偏镜），必须将检偏镜扭转一定角度后才能通过，因此要调节检偏镜进行配光。

在测量中，人们在起偏镜后面加上一块半阴片以利于观察。半阴片是由石英和玻璃构成的圆形透明片（见图 2-10），当偏振光通过石英片时，由于石英有旋光性，把偏振光旋转了一个角度。因此，通过半阴片的偏振光就变成振动方向不同的两部分，这两部分偏振光到达检偏镜时，通过调节检偏镜的晶轴，可以使三分视场出现以下三种情况（见图 2-11）。

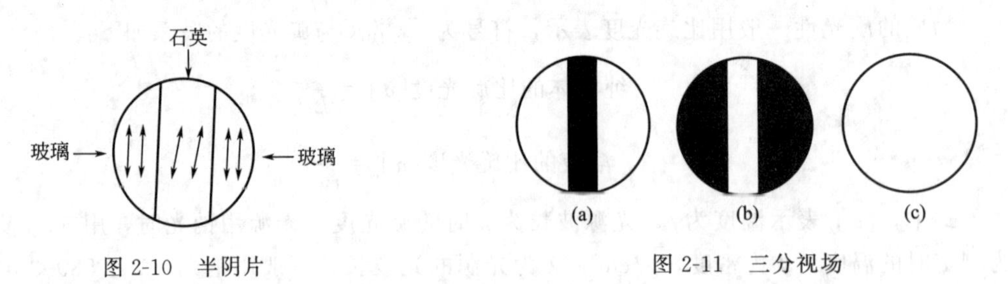

图 2-10　半阴片

图 2-11　三分视场

图 2-11(a) 表示视场左、右的偏振光可以透过，中间不能透过；图 2-11(b) 表示视场左、右的偏振光不能通过，而中间可以透过。调节检偏镜必然存在一种介于上述两种情况之间的位置，在三分视场中能够看到左、中、右明暗度相同而分界线消失，如图 2-11(c) 所示，这一位置称为零点视场，该零点视场是瞬间的，稍转动检偏镜改变为图 2-11(a) 或图 2-11(b)。应注意，当检偏镜旋转 180°时，还有一个亮度较强的假零点视场，该现象不是瞬间的。

该仪器采用双游标卡尺读数，以消除度盘偏心差。如图 2-12 所示。

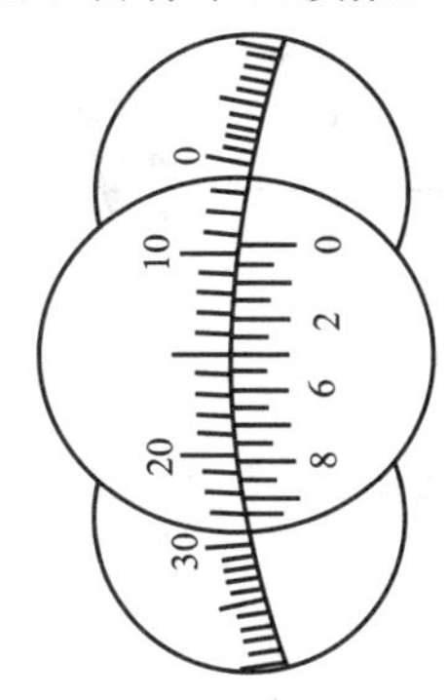

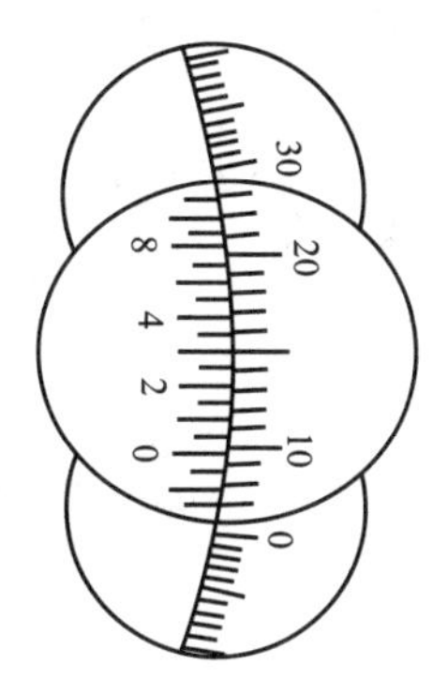

图 2-12　仪器的双游标卡尺读数

游标 0 刻度指在度盘 9 与 10 格之间，且游标第 6 格（数字 3）与度盘某一格完全对齐，故其读数为＋9.30°。

（2）使用方法

① 开机　打开开关，5～10min 后，钠光灯发光正常（黄光），开始测定。

② 零点的校正　通常在正式测定前，均需校正仪器的零点。将充满蒸馏水的旋光管放入样品室（管中若有小气泡，应让气泡浮在凸颈处），旋转度盘转动手轮至目镜视野中出现零点视场，记下读数，重复测定五次，取其平均值即为仪器的零点值。

③ 样品的装填　旋光管一端的螺帽旋下，取下玻璃盖片（小心不要掉在地上摔碎），然后将管竖直，管口朝上。用滴管注入待测溶液或蒸馏水至管口，并使溶液的液面凸出管口。小心将玻璃盖片沿管口方向盖上，把多余的溶液挤压溢出，使管内不留气泡，盖上螺帽。螺帽以旋到溶液流不出来为度，不宜旋得太紧，以免破盖产生张力，影响测定结果。装好后，将旋光管外部拭净，以免沾污仪器的样品室。

④ 测定旋光度　将充满待测样品溶液的旋光管放入旋光仪内（方向与校正零点时一致），重复五次测量，取平均值，即为观测值，减去零点值，即为该样品真正的旋光度。

⑤ 旋光方向的判定　方法一，以 90°为界，小于 90°为右旋，大于 90°为左旋，记录值是用读数减去 180°；方法二，采用改变旋光管的长度或样品的浓度进行分别测量，找出旋光度与旋光管的长度和样品浓度的关系，如果为正比关系，则为右旋物质，若为反比关系，则为左旋物质。

2. 自动旋光仪

（1）基本原理

外观结构见图 2-13。

图 2-13　自动旋光仪外观

仪器采用 20W 钠光灯作光源，由小孔光栅和物镜组成一个简单的点光源平行光，平行光经起偏镜变为平面偏振光，当偏振光经过有法拉第效应的磁旋线圈时，其振动平面产生 50Hz 的 β 角往复摆动，光线经过检偏镜投射到光电倍增管上，产生交变的电信号（见图 2-14）。

（2）使用方法

① 打开电源开关，这时钠光灯应启亮，需经 10min 预热，使发光稳定。

② 打开光源开关　使钠光灯在直流下点亮。若光源开关打开后，钠光灯熄灭，则再将

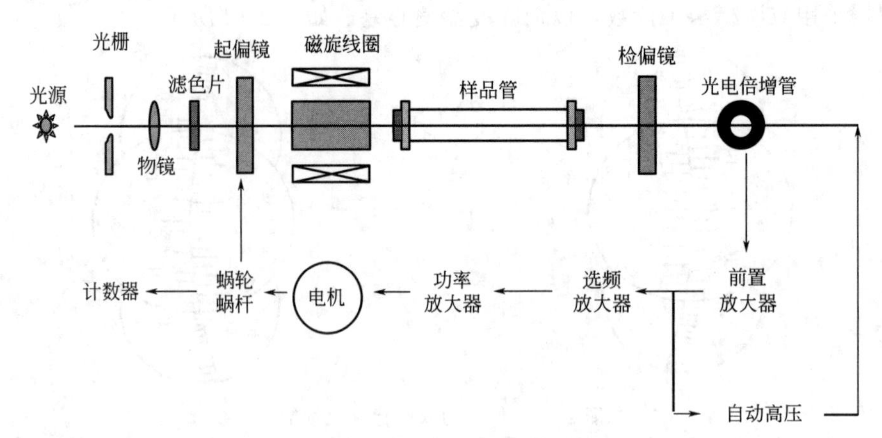

图 2-14 自动旋光仪原理示意图

光源开关上下重复打开 1～2 次。

③ 按测量键，处于待测状态（注意以后不可再按测量键）。

④ 将装有蒸馏水或其他空白溶剂的旋光管放入样品室，盖上箱盖，待示数稳定后，按清零按钮。

⑤ 将充满待测样品溶液的旋光管按相同的位置和方向放入样品室内，盖好箱盖。仪器读数窗将显示出该样品的旋光度。

⑥ 逐次按复测按钮，重复读三次数，取平均值作为样品的测定结果。

⑦ 如样品超过测量范围，仪器在±45°处停止。取出样品，打开箱盖按回零按钮，仪器即自动转回零位。

⑧ 仪器使用完毕后，应依次关闭光源、电源开关。

⑨ 钠灯在直流供电系统出现故障不能使用时，仪器也可在钠灯交流供电的情况下测试，但仪器的性能可能略有降低。

⑩ 当放入小角度样品（小于 0.5°）时，示数可能变化，这时只要按复测按钮，就会出现新的数字。

【仪器与试剂】

仪器 目测旋光仪和自动旋光仪，旋光管。

试剂 0.1g/mL 葡萄糖和果糖溶液。

【实验步骤】

（1）溶液样品的配制（提前一天配制） 准确称取样品糖 10g，放入 100mL 容量瓶中，加入蒸馏水至刻度。配制的溶液应透明无机械杂质，否则应过滤。

（2）测定不同旋光度，同时记下旋光管的长度及溶液的浓度，然后计算其比旋光度，与文献值对照。

【思考题】

1. 有哪些因素影响物质的比旋光度？

2. 测定旋光度应注意哪些事项？

3. 糖的溶液为何要放置一天后再测旋光度？

4. 某光学纯物质的比旋光度为＋20°，试计算用 2dm 长的旋光管测定该物质的溶液

(0.2g/mL) 的旋光度是多少?

二、固体有机物的提纯方法

从有机反应中分离出的固体有机化合物往往是不纯的，其中常夹杂一些反应副产物和未作用的原料及催化剂等。重结晶和升华是实验室常用的固体有机化合物的提纯方法。

实验五 重结晶

Recrystallization

【目的与要求】

掌握重结晶的原理和实验方法。

【基本原理】

固体有机物在溶剂中的溶解度与温度有密切关系。一般是温度升高溶解度增大。若把固体溶解在热的溶剂中达到饱和，冷却时即由于溶解度降低，溶液变成过饱和而析出结晶。利用溶剂对被提纯物质及杂质的溶解度不同，可以使被提纯物质从过饱和溶液中析出，而让杂质全部或大部分仍留在溶液中（或被过滤除去）从而达到提纯目的。

假设一固体混合物由 9.5g 被提纯物质 A 和 0.5g 杂质 B 所组成，选择一溶剂进行重结晶，室温时 A、B 在此溶剂中的溶解度分别为 S_A 和 S_B，通常存在下列情况。

（1）杂质较易溶解（$S_B > S_A$） 设室温下 $S_B = 2.5$g/100mL，$S_A = 0.5$g/100mL，如果 A 在此沸腾溶剂中的溶解度为 9.5g/100mL，则使用 100mL 溶剂即可使混合物在沸腾时全溶。将此滤液冷却至室温时可析出 A 9g（不考虑操作上的损失），而 B 仍留在母液中，产物回收率可达 94%。如果 A 在沸腾溶剂中的溶解度更大，例如为 47.5g/100mL，则只要使用 20mL 溶剂即可使混合物在沸腾时全溶，这时滤液可以析出 A 9.4g，A 损失很少，B 仍可留在母液中，产物回收率可高达 99%。由此可见，如果杂质在冷时的溶解度大而产物在冷时的溶解度小，或溶剂对产物的溶解性能随温度的变化大，都有利于提高回收率。

（2）杂质较难溶解（$S_B < S_A$） 设室温下 $S_B = 0.5$g/100mL，$S_A = 2.5$g/100mL，A 在沸腾溶液中的溶解度仍为 9.5g/100mL，则使用 100mL 溶剂重结晶后的母液中含有 2.5g A 和 0.5g B（即全部），析出的结晶 A 7g，产物回收率为 74%。但这时，即便 A 在沸腾溶剂中的溶解度更大，使用的溶剂也不能再少了，否则杂质 B 也会部分析出，就需再次重结晶。因而如果混合物中的杂质含量很多，则重结晶的溶剂量就要增加，或者重结晶的次数要增加，致使操作过程冗长，回收率极大地降低。

（3）两者的溶解度相等（$S_B = S_A$） 设在室温下 A、B 的溶解度皆为 2.5g/100mL，若也用 100mL 溶剂重结晶，仍可得到纯 A 7g。但如果这时杂质含量很多，则用重结晶法分离产物就比较困难。即在 A 和 B 含量相等时，重结晶不能用来分离产物了。

从上述讨论中可以看出，在任何情况下，杂质的含量过多都是不利的（杂质太多还可能影响结晶速度，甚至妨碍结晶的生成）。重结晶是提纯固体化合物的一种重要方法，它适用于产品与杂质性质差别较大，产品中杂质含量小于 5%的体系。所以从反应粗产物直接重结晶是不适宜的，必须先采用其他方法进行初步提纯，如萃取、水蒸气蒸馏、减压蒸馏等，然后再用重结晶提纯。

1. 溶剂的选择

在进行重结晶时，选择理想的溶剂是一个关键，理想的溶剂必须具备下列条件。

(1) 不与被提纯物质起化学反应；

(2) 在较高温度时能溶解大量的被提纯物质，而在室温或更低的温度时只能溶解很少量；

(3) 对杂质的溶解度非常大或非常小（前一种情况是使杂质留在母液中不随提纯晶体一同析出，后一种情况是使杂质在热过滤时被滤去）；

(4) 容易挥发（溶剂的沸点较低），易与结晶分离除去；

(5) 能给出较好的结晶。

在几种溶剂同样都合适时，则应根据结晶的回收率，操作的难易，溶剂的毒性、易燃性和价格等来选择。

如果在文献中找不到合适的溶剂，应通过实验选择溶剂。其方法是：取 0.1g 的产物放入一支试管中，滴入 1mL 溶剂，振荡下观察产物是否溶解，若不加热很快溶解，说明产物在此溶剂中的溶解度太大，不适合做此产物重结晶的溶剂；若加热至沸腾还不溶解，可补加溶剂，当溶剂用量超过 4mL 产物仍不溶解时，说明此溶剂也不适宜。如所选择的溶剂能在 1～4mL 溶剂沸腾的情况下使产物全部溶解，并在冷却后能析出较多的晶体，说明此溶剂适合作为此产物重结晶的溶剂。实验中应同时选用几种溶剂进行比较。有时很难选择到一种较为理想的单一溶剂，这时应考虑选用混合溶剂。所谓混合溶剂，就是把对此物质溶解度很大的和溶解度很小的而又能互溶的两种溶剂（如水和乙醇）混合起来，这样可以获得新的、良好的溶解性能。用混合溶剂重结晶时，可先将待纯化物质在接近良溶剂的沸点时溶于良溶剂中（在此溶剂中极易溶解）。若有不溶物，趁热滤去；若有色，则用活性炭煮沸脱色后趁热过滤。于此热溶液中小心地加入热的不良溶剂（物质在此溶剂中溶解度很小），直至所呈现的浑浊不再消失为止。再加入少量良溶剂或稍热使之恰好透明。然后将混合物冷至室温，使结晶自溶液中析出。有时也可将两种溶剂先行混合，如 1∶1 的乙醇和水，则其操作和使用单一溶剂时相同。

2. 重结晶

(1) 制备提纯物的饱和液　这是重结晶操作过程中的关键步骤。其目的是用溶剂充分分散产物和杂质，以利于分离提纯。一般用锥形瓶或圆底烧瓶来溶解固体。若溶剂易燃或有毒时，应装回流冷凝器。加入沸石和已称量好的粗产品，先加少量溶剂，然后加热使溶液沸腾或接近沸腾，边滴加溶剂边观察固体溶解情况，使固体刚好全部溶解，停止滴加溶剂，记录溶剂用量。再加入 20%左右的过量溶剂，主要是为了避免溶剂挥发和热过滤时因温度降低，使晶体过早地在滤纸上析出造成产品损失。溶剂用量不宜太多，否则会造成结晶析出太少或根本不析出，此时，应将多余的溶剂蒸发掉，再冷却结晶。有时，总有少量固体不能溶解，应将热溶液倒出或过滤，在剩余物中再加入溶剂，观察是否能溶解，如加热后慢慢溶解，说明此产品需要加热较长时间才能全部溶解。如仍不溶解，则视为杂质去除。

(2) 脱色　粗产品中常有一些有色杂质不能被溶剂去除，因此，需要用脱色剂来脱色。最常用的脱色剂是活性炭。它是一种多孔物质，可以吸附色素和树脂状杂质，但同时它也可以吸附产品，因此加入量不宜太多，一般为粗产品质量的 5%。具体方法为，待上述热的饱和溶液稍冷却后，加入适量的活性炭摇动，使其均匀分布在溶液中，加热煮沸 5～10min 即可。注意千万不能在沸腾的溶液中加入活性炭，否则会引起暴沸，使溶液冲出容器造成产品损失。

(3) 热过滤 其目的是去除不溶性杂质。为了尽量减少过滤过程中晶体的损失，操作时应做到：仪器热（将所用仪器用烘箱或气流烘干器烘热待用），溶液热动作快。热过滤有两种方法，即常压过滤（重力过滤）和减压过滤（抽滤）。

热过滤时动作要快，以免液体或仪器冷却后，晶体过早地在漏斗中析出，如发生此现象，应用少量热溶剂洗涤，使晶体溶解进入到滤液中。如果晶体在漏斗中析出太多，应重新加热溶解再进行热过滤。为了提高过滤速度，滤纸最好折成扇形滤纸（又称折叠滤纸或菊花形滤纸），如图 2-15 所示。

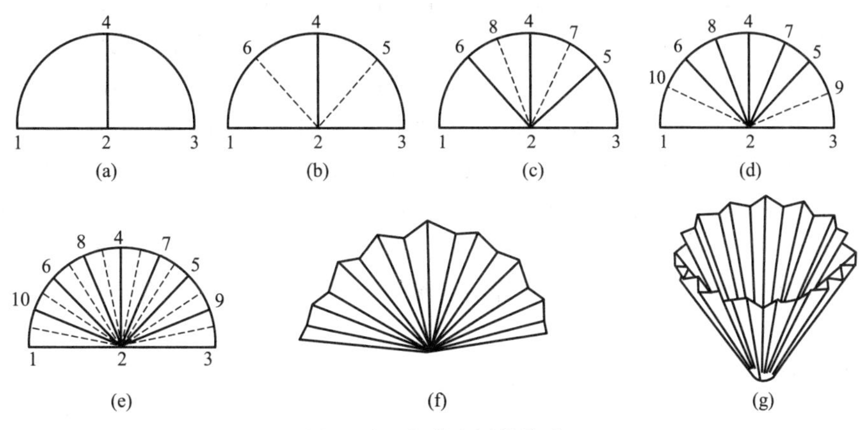

图 2-15 扇形滤纸的叠法

减压热过滤的优点是过滤快，缺点是当用沸点低的溶剂时，因减压会使热溶剂蒸发或沸腾，导致溶液浓度变大，晶体过早析出。

抽滤时，滤纸的大小应与布氏漏斗底部恰好一样，先用热溶剂将滤纸润湿，抽真空使滤纸与漏斗底部贴紧。然后迅速将热溶液倒入布氏漏斗中，真空度不宜太高，以防溶剂损失过多。

(4) 冷却结晶 冷却结晶是使产物重新形成晶体的过程，其目的是进一步与溶解在溶剂中的杂质分离。将上述热的饱和溶液冷却后，晶体可以析出。当冷却条件不同时，晶体析出的情况也不同。

为了得到形状好、纯度高的晶体，在结晶析出的过程中应注意以下几点。

① 应在室温下慢慢冷却至有固体出现时，再用冷水或冰进行冷却，这样可以保证晶体形状好，颗粒大小均匀，晶体内不含有杂质和溶剂。否则，当冷却太快时，会使晶体颗粒太小，晶体表面易从液体中吸附更多的杂质，加大洗涤的困难；当冷却太慢时，晶体颗粒有时太大（超过 2mm），会将溶液夹带在里边，给干燥带来一定的困难。因此，控制好冷却速度是晶体析出的关键。

② 在冷却结晶过程中，不宜剧烈摇动或搅拌，这样也会造成晶体颗粒太小。当晶体颗粒超过 2mm 时，可稍微摇动或搅拌几下，使晶体颗粒大小趋于平均。

③ 有时滤液已冷却，但晶体还未出现，可用玻璃棒摩擦瓶壁促使晶体形成，或取少量溶液，使溶剂挥发得到晶体，再将该晶体作为晶种加入到原溶液中，液体中一旦有了晶种或晶核，晶体将会逐渐析出。晶种的加入量不宜过多，而且加入后不要搅动，以免晶体析出太快，影响产品的纯度。

④ 有时从溶液中析出的是油状物，此时，更深一步的冷却可以使油状物成为晶体析出，但含杂质较多。应重新加热溶解，然后慢慢冷却。当油状物析出时，剧烈搅拌可使油状物在

均匀分散的条件下固化，如还是不能固化，则需要更换溶剂或改变溶剂用量，再进行结晶。

（5）抽滤-真空过滤　抽滤的目的是将留在溶剂（母液）中的可溶性杂质与晶体（产品）彻底分离。其优点是：过滤和洗涤速度快，固体与液体分离得比较完全，固体容易干燥。

抽滤装置采用减压过滤装置。具体操作与减压热过滤大致相同，所不同的是仪器和液体应该是冷的，所收集的是固体而不是液体。在晶体抽滤过程中应注意以下几点。

① 转移瓶中的残留晶体时，应用母液转移，不能用新的溶剂转移，以防溶剂将晶体溶解造成产品损失。用母液转移的次数和每次母液的用量都不宜太多，一般 2～3 次即可。

② 晶体全部转移至漏斗中后，为了将固体中的母液尽量抽干，可用玻璃钉或瓶塞挤压晶体。当母液抽干后，将安全瓶上的放空阀打开，用玻璃棒或不锈钢小勺将晶体松动，滴入几滴冷的溶剂进行洗涤，然后将放空阀关闭，在将溶剂抽干同时进行挤压。这样反复 2～3 次，将晶体吸附的杂质洗干净。晶体抽滤洗涤后，将其倒入表面皿或培养皿中进行干燥。

（6）晶体的干燥　为了保证产品的纯度，需要将晶体进行干燥，把溶剂彻底去除。当使用的溶剂沸点比较低时，可在室温下使溶剂自然挥发达到干燥的目的。当使用的溶剂沸点比较高（如水）而产品又不易分解和升华时，可用红外灯烘干。当产品易吸水或吸水后易发生分解时，应用真空干燥器进行干燥。干燥后测熔点，如发现纯度不符合要求，可重复上述操作直至熔点不再改变为止。

【仪器与试剂】

仪器　烧杯，表面皿，提勒管，毛细管，温度计。

试剂　苯甲酸，活性炭，乙醇，萘。

【实验步骤】

1. 用水重结晶苯甲酸

称取 3g 苯甲酸放入 150mL 烧杯中，以 60mL 水为溶剂，活性炭作脱色剂进行重结晶。结晶置于表面皿上，在空气中晾干或红外灯下干燥。测熔点检验其纯度，称重，计算回收率。

苯甲酸熔点为 122.4℃。

2. 用 70％乙醇重结晶萘

在装有回流冷凝管的 100mL 三角瓶中，放入 3g 粗萘，用 20mL 70％乙醇作溶剂，活性炭为脱色剂进行重结晶。结晶置于表面皿上，在空气中或红外灯下干燥。然后测其熔点，称重，计算回收率。

萘的熔点为 80.6℃。

【附注】

当使用苯-无水乙醇混合溶剂时，乙醇必须是无水的，因为苯与含水乙醇不能任意混溶，在冷却时会引起溶剂分层。

【思考题】

1. 重结晶加热溶解样品时，为什么先加入比计算量略少的溶剂，而后再逐渐加至恰好溶解，最后再加入少量溶剂？

2. 为什么活性炭要在固体物质全部溶解后加入？

3. 用有机溶剂和以水为溶剂进行重结晶时，在仪器装置和操作上有什么不同？

4. 如何选择溶剂？在什么情况下使用混合溶剂？

实验六 升华

Sublimation

升华是固体化合物提纯的又一种方法。由于不是所有的固体都有升华的性质，因此，它只适用于以下情况：①被提纯的固体化合物具有较高的蒸气压，在低于熔点时，就可以产生足够的蒸气，使固体不经过熔融状态直接变为气体，从而达到分离的目的；②固体化合物中杂质的蒸气压较低，有利于分离。

升华操作比重结晶简单，纯化后产品的纯度较高。但是产品损失较大，时间较长，一般不适合大量产品的提纯。

【目的与要求】

掌握升华的原理与操作技术。

【基本原理】

升华是利用固体混合物的蒸气压或挥发度不同，将不纯净的固体化合物在熔点温度以下加热，利用产物蒸气压高、杂质蒸气压低的特点，使产物不经液体过程而直接气化，遇冷后固化（杂质则不能）来达到分离固体混合物的目的。

一般来说，具有对称结构的非极性化合物，其电子云的密度分布比较均匀，偶极距较小，晶体内部静电引力小，因此这类固体都具有蒸气压高的性质。与液体化合物的沸点相似，当固体化合物的蒸气压与外界施加给固体化合物表面的压力相等时，该固体化合物开始升华，此时的温度为该固体的升华点。在常压下不易升华的物质，可利用减压进行升华。

常压升华操作：将被升华的固体化合物烘干，放入蒸发皿中，铺匀。取一大小合适的锥形漏斗，将颈口处用少量棉花堵住，以免蒸气外逸，造成产品损失。选一张略大于漏斗底口的滤纸，在滤纸上扎一些小孔后盖在蒸发皿上，用漏斗盖住。将蒸发皿放在砂浴上，用电炉、煤气灯或电热套加热，在加热过程中应注意控制温度在熔点以下，慢慢升华（见图 2-16）。当蒸气开始通过滤纸上升至漏斗中时，可以看到滤纸和漏斗壁上有晶体析出。如晶体不能及时析出，可在漏斗外面用湿布冷却。

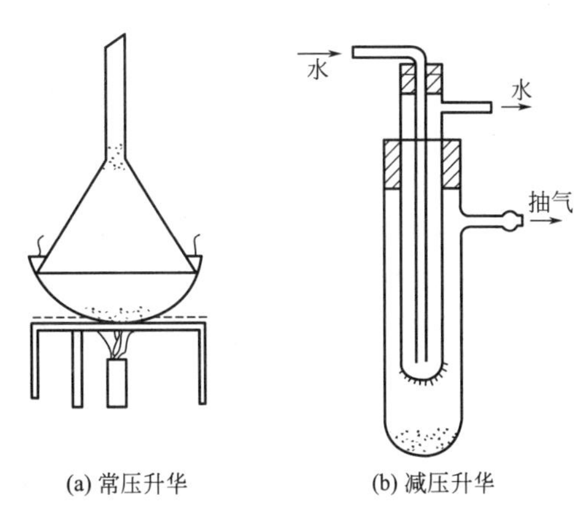

图 2-16 升华装置

减压升华操作：将样品放入吸滤管中，在吸滤管中放入直形冷凝器（又称“冷凝指”），接通冷凝水，抽气口与水泵连接好，打开水泵，关闭安全瓶上的放气阀，进行抽气。将此装置放入电热套或水浴中加热，使固体在一定压力下升华。冷凝后的固体将凝聚在直形冷凝器的底部。

【仪器与试剂】

仪器 漏斗，坩埚，酒精灯，三脚架。

试剂 萘。

【实验步骤】

1. 萘的常压升华

称取 0.5g 粗萘，用常压升华装置进行升华。缓慢加热控温在 80℃以下，数分钟后，可轻轻地取下漏斗，小心翻起滤纸。如发现下面已挂满了萘，则可将其移入干燥的样品瓶中，并立即重复上述操作，直到萘升华完毕为止，使杂质留在蒸发皿底部。

2. 萘的减压升华

称取 0.5g 粗萘，置于直径 2.5cm 的抽滤管中（有支管的试管），且使萘尽量摊匀，然后装一直径为 1.5cm 的“冷凝指”，“冷凝指”内通冷凝水，利用水泵或油泵对抽滤管进行减压。将吸滤管置于 80℃以下水浴中加热，使萘升华，待“冷凝指”底部挂足升华的萘时，即可停止减压，小心取下“冷凝指”，将萘收集到干燥的表面皿中。反复进行上述操作，直到萘升华完毕为止。纯萘熔点 80.6℃。

【附注】

1. 升华温度一定要控制在固体化合物熔点以下。

2. 被升华的固体化合物一定要干燥，如有溶剂将会影响升华后固体的凝结。

3. 滤纸上的孔应尽量大一些，以便蒸气上升时顺利通过滤纸，在滤纸的上面和漏斗中结晶，否则将会影响晶体的析出。

4. 减压升华时，停止抽滤一定要先打开安全瓶上的放空阀，再关泵。否则循环泵内的水会倒吸入吸滤管中，造成实验失败。

【思考题】

升华操作时，为什么要缓缓加热？

三、溶液的分离与提纯

理想溶液是指液体中不同组分的分子间作用力和相同组分分子间作用力完全相等的溶液。因此，理想溶液中各组分的挥发度不受其他组分存在的影响。如大部分烃类、苯-甲苯以及甲醇-乙醇等可视为理想溶液。理想溶液严格服从拉乌尔（Raoult）定律，即在一定的温度下，溶液上方蒸气中任意组分的分压等于纯组分在该温度下的饱和蒸气压乘以它在溶液中的摩尔分数，设有 A、B 两组分组成的混合物，且为理想溶液。则

$$\frac{y_A}{y_B}=\frac{p_A}{p_B}=\frac{p_A^0 x_A}{p_B^0 x_B}$$

式中，p_A、p_B 为溶液上方组分 A、B 的平衡分压；p_A^0、p_B^0 为纯组分 A、B 的饱和蒸气压；x_A、x_B、y_A、y_B 分别为溶液及气相中组分 A、B 的物质的量分数。

二元理想溶液的气-液平衡相图是根据一定压力条件下，溶液的气-液相组成与温度的关系绘制而成的。饱和液体线（也称为泡点线）表示液相组成与泡点温度（即加热溶液至产生第一个气泡时的温度）的关系。饱和蒸气线（也称为露点线）表示气相组成与露点温度（即冷却气体至产生第一个液滴时的温度）的关系，它是由拉乌尔定律计算得到的。两条曲线构成了三个区域，饱和液体线以下为液体尚未沸腾的液相区；饱和蒸气线以上为液体全部汽化为过热蒸气的过热蒸气区；两条曲线之间为气-液两相共存区。

在同一温度下，气相组成中易挥发物质的含量总高于液相组成中易挥发物质的含量。

利用相对挥发度 α 可以判断某种混合物是否能用蒸馏的方法分离及分离的难易程度。

对于理想溶液：$\alpha=\dfrac{p_A^0}{p_B^0}$

上式表明，理想溶液中组分的相对挥发度等于同温度下两纯组分的饱和蒸气压之比。由于 p_A^0 及 p_B^0 随温度变化的趋势相同，因而两者的比值变化不大，故一般可将 α 视为常数。

若 $\alpha>1$，$p_A^0>p_B^0$，表示组分 A 比组分 B 易挥发，α 越大，分离越容易；若 $\alpha=1$，$p_A^0=p_B^0$，说明气相组成等于液相组成，用一般的分离方法不能将该混合物分离。

虽然多数均相液体的性质接近理想溶液，但是实际上大多数溶液还是非理想溶液。在这些溶液中，不同分子相互之间的作用是不同的，与拉乌尔定律有一定的偏差。

非理想溶液的蒸气压若用拉乌尔定律的形式表示，可引入活度因子：

$$p_A=\gamma_A p_A^0 x_A$$

$$p_B=\gamma_B p_B^0 x_B$$

式中，γ_A、γ_B分别为组分 A 和 B 的活度因子，若其值大于 1，则称对拉乌尔定律具有正偏差，若小于 1，则为负偏差。

正偏差时，两种或两种以上的分子间的引力要比同种分子间的引力小，因此，混合液体的蒸气压要比单一的易挥发组分蒸气压大，形成最低沸点混合物，其组成一定。

负偏差时，两种或两种以上分子间的引力，比同种分子间的引力大。因此，混合液体的蒸气压要比单一的易挥发组分的蒸气压小，组成了最高沸点混合物，其组成是一定的。

在已知的共沸物中，最高共沸物比最低共沸物少得多。在共沸温度下的混合液体彼此不能完全互溶的共沸物为非均相共沸混合物（如水-乙酸正丁酯等）。在共沸温度下混合液体完全互溶，称为均相共沸混合物（如乙醇-水等）。非均相混合物都具有最低共沸点。

非理想溶液的相对挥发度随组成的变化较大，不能近似作为常数处理。

实验七　蒸馏及沸点的测定

Distillation and Boiling Point Determination

【目的与要求】

1. 掌握蒸馏的原理、装置及操作方法。
2. 基本了解常压下测定液体沸点的操作技术。

【基本原理】

蒸馏指利用液体混合物中各组分挥发性的差异而将组分分离的传质过程，是将液体沸腾产生的蒸气导入冷凝管，使之冷却凝结成液体的一种蒸发、冷凝的过程。通过蒸馏可除去不挥发性杂质，可分离沸点差大于 20℃ 的液体混合物，还可以测定纯液体有机物的沸点及定性检验液体有机物的纯度。常说的蒸馏指常压蒸馏。

纯物质在一定压力下具有恒定的沸点，它是一种重要的物理常数，一般物质的沸点变动范围（沸程或沸点距）很小，在 0.1～2℃。但是具有固定沸点的液体不一定都是纯净物，因为某些物质常和其他组分形成二元或三元共沸混合物（恒沸物），如乙醇-水、丙酮-氯仿等，它们也有一定的沸点。沸点测定不能作为液体有机化合物纯度的唯一标准。若有杂质的掺入，沸点则会发生降低或升高的现象，并且在蒸馏过程中沸点会逐渐变化。因此，测定沸点可检验物质的纯度。沸点的测定通常就在物质的蒸馏提纯过程中附带进行（常量法）。共沸物在沸腾时产生的蒸气与液体本身有着完全相同的组成，所以共沸物是不可能通过常规的蒸馏或分馏加以分离的。测定纯粹液态有机物的沸点通常用微量法。

乙醇（C_2H_5OH）为无色透明液体，沸点 78.5℃，可和水任意混溶。稀酒精蒸馏时，由于乙醇挥发性较大，蒸气中乙醇含量增高，因而可借助蒸馏法提高酒精浓度。但蒸馏法只能获得 95%乙醇，95%乙醇为一共沸混合物，沸点 78.2℃，不能借助普通蒸馏法获得无水乙醇。

【仪器与试剂】

仪器　电热套，150℃温度计，温度计套管，直形冷凝管，圆底烧瓶（50mL），蒸馏头，尾接管，锥形瓶 2 个，长颈玻璃漏斗，量筒（100mL，20mL），沸石，Thiele 管，ϕ1mm 和 ϕ3～4mm 毛细管，橡胶圈，铁圈。

试剂　乙醇（75%），无水乙醇，石蜡油。

【实验步骤】

1. 乙醇的常压蒸馏

（1）蒸馏装置安装

常压蒸馏装置主要由蒸馏瓶、温度计、冷凝管、接液管和接收瓶等组成。常压蒸馏最常用的装置如图 2-17 所示，注意温度计水银球的位置。

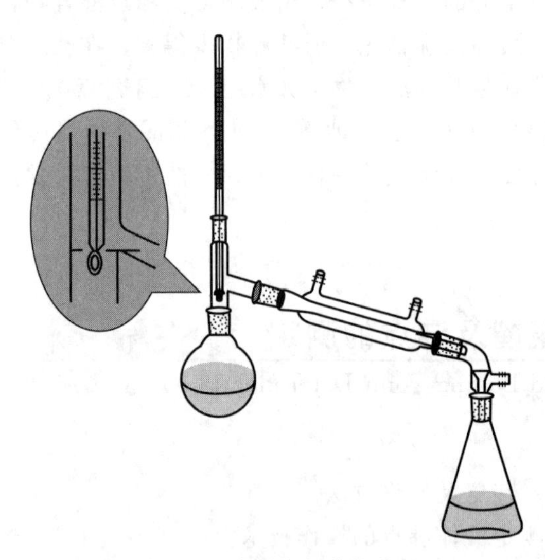

图 2-17　常用常压蒸馏装置

安装仪器前，首先选择规格合适的仪器。安装的顺序是先从热源处开始，按“由下而上，由左到右”的顺序，依次安放铁架台、石棉网、蒸馏瓶等。蒸馏瓶用铁夹垂直夹好。安装冷凝管时，应先调整好位置使其与蒸馏瓶支管同轴，然后松开冷凝管铁夹，使冷凝管沿此轴转动和蒸馏瓶相连。铁夹不应夹得太紧或太松，以夹住后稍用力尚能转动为宜。铁夹内要垫有橡皮等软物质，以免夹破仪器。整个装置要求准确端正，无论从正面或侧面观察，全套装置中各仪器的轴线都要在同一平面内。

（2）蒸馏

① 加料　取下温度计，通过长颈玻璃漏斗倒入 30mL 75%乙醇于蒸馏瓶中（注意不能

使液体从支管流出)。加入几粒沸石，塞好温度计（水银球的上端应与蒸馏头支管的底边平齐），检查仪器的各部分连接是否紧密和妥善。

② 加热 接通冷凝水，加热。注意观察蒸馏瓶里的现象和温度上升的情况。加热一段时间后，液体沸腾，蒸气上升。上升到温度计水银球时，温度计水银柱急剧上升。此时应控制加热速度，使蒸气不要立即冲至蒸馏瓶的支管。待温度稳定后，再稍加大加热速度，控制馏出液滴以每秒 1～2 滴为宜。整个蒸馏过程中，水银球应始终湿润。

③ 沸点观察及馏出液收集 蒸馏前准备两个锥形瓶作为接收器，温度稳定前的馏分，常为沸点较低的液体。待温度趋稳后，蒸出的物质就是较纯的物质。此时更换另一洁净干燥的接收器，记下此时第一滴液体滴下时温度计的读数。待收集约 20mL 乙醇时，停止蒸馏，记下此时温度计的读数。前后两次读数即为乙醇的沸程。

④ 仪器拆除 蒸馏完毕，先停止加热，稍冷后停止通水，拆除仪器。仪器拆除的顺序和装配时相反，先拆除接收器，然后依次拆下接收管、冷凝管和蒸馏瓶等。

2. 微量法测定乙醇的沸点（见实验二）

【附注】

1. 沸石必须在加热前加入。如加热前忘记加入，补加时必须先停止加热，待被蒸物冷至沸点以下方可加入。若在液体达到沸点时投入沸石，会引起猛烈的暴沸，部分液体可能冲出瓶外引起烫伤或火灾。如果沸腾中途停止过，在重新加热前应加入新的沸石。

2. 冷却水流速以能保证蒸气充分冷凝为宜，通常只需保持缓慢水流即可。

3. 蒸馏时的速度不能太快，否则易在蒸馏瓶的颈部造成过热现象或冷凝不完全，使由温度计读得的沸点偏高；同时蒸馏也不能进行得太慢，否则由于温度计的水银球不能为蒸出液蒸气充分浸润而使温度计上所读得的沸点偏低或不规则。

4. 可对比蒸馏 95%乙醇，观察沸点的变化有何不同。

【思考题】

1. 蒸馏时为什么要使温度计水银球的上限和蒸馏瓶支管的下限在同一水平线上？

2. 蒸馏前为什么要加入沸石？

3. 如何通过常量法测定液体的沸点判断一物质的纯度？如果液体物质具有恒定的沸点，能否认为一定是纯物质？为什么？

实验八 分馏

Fractional Distillation

分馏主要用于分离两种或两种以上沸点相近且混溶的有机溶液，工程上常称为精馏。

【目的与要求】

1. 学习分馏的基本原理。

2. 掌握分馏的实验操作方法。

【基本原理】

简单蒸馏只能使液体混合物得到初步的分离。为了获得高纯度的产品，理论上可以采用多次部分汽化和多次部分冷凝的方法，即将简单的蒸馏得到的馏出液，再次部分汽化和冷凝，以得到纯度更高的馏出液。而将简单蒸馏剩余的混合液再次部分汽化，则得到易挥发组分更低、难挥发组分更高的混合液。只要上面的这一过程足够多，就可以将两种沸点相差很近的有机溶液分离成纯度很高的单一组分。简言之，分馏即为反复多次的简单蒸馏。在实验室常采用分馏柱来实现，而工业上采用精馏塔。

分馏装置与蒸馏装置不同之处是在蒸馏瓶与蒸馏头之间加了一根分馏柱（见图 2-18）。

分馏柱的种类很多，实验室常用韦氏分馏柱（图 2-19）和填充式分馏柱（图 2-20）。在需要更好的分馏效果时，要用填料柱，即在一根玻璃管内填上惰性材料，如环形、螺旋形、马鞍形等各种形状的玻璃、陶瓷和金属小片。

分馏过程及操作要点如下。

(1) 在分馏过程中，不论是用哪种分馏柱，都应防止回流液体在柱内聚集（称为液泛），否则会减少液体和蒸气接触面积，或者使上升的蒸气将液体冲入冷凝管中，达不到分馏的目的。为了避免这种情况的发生，需在分馏柱外面包一定厚度的保温材料，以保证柱内具有一定的温度梯度，防止蒸气在柱内冷凝太快。当使用填充柱时，往往由于填料装得太紧或不均匀，造成柱内液体聚集，这时需要重新装柱。

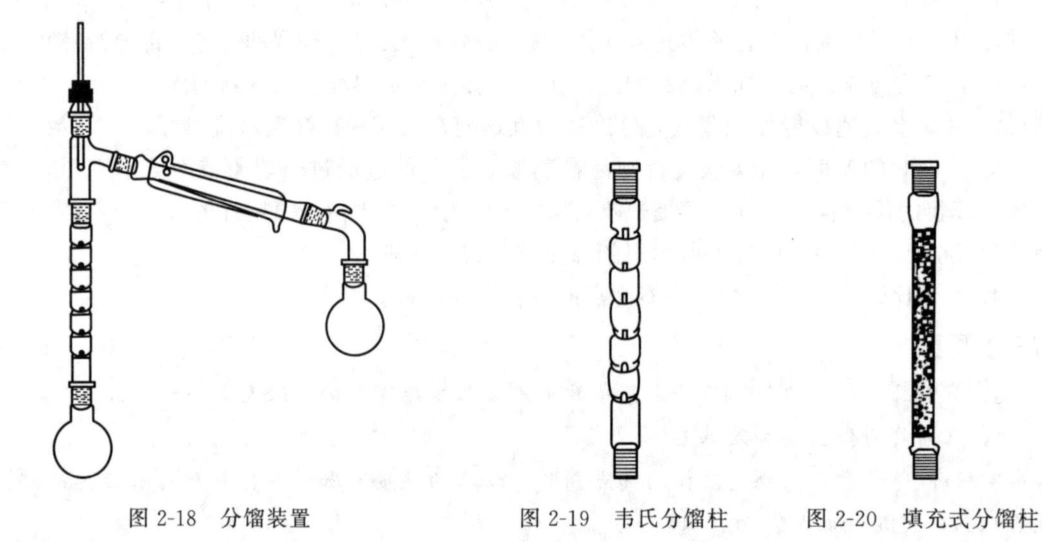

图 2-18　分馏装置　　图 2-19　韦氏分馏柱　　图 2-20　填充式分馏柱

(2) 对分馏来说，在柱内保持一定的温度梯度是极为重要的。在理想情况下，柱底的温度与蒸馏瓶内液体沸腾时的温度接近。柱内自下而上温度不断降低，直至柱顶接近易挥发组分的沸点。一般情况下，柱内温度梯度的保持可以通过调节馏出液速度来实现，若加热速度快，蒸出速度也快，会使柱内温度梯度变小，影响分离的效果。另外，可以通过控制回流比来保持柱内的温度梯度和提高分离效率。所谓回流比，是指冷凝液流回蒸馏瓶的速度与柱顶蒸气通过冷凝管流出速度的比值。回流比越大，分离效果越好。回流比的大小根据物系和操作情况而定，一般回流比控制在 4：1，即冷凝液流回蒸馏瓶每 4 滴，柱顶馏出液为 1 滴。

(3) 液泛[1]能使柱身及填料完全被液体浸润，在分离开始时，可以人为地利用液泛将液体均匀地分布在填料表面，充分发挥填料本身的效率，这种情况叫做预液泛。一般分馏时，先将电压调得稍大些，一旦液体沸腾就应注意将电压调小，当蒸气冲到柱顶还未达到水银球部位时，通过控制电压使蒸气保证在柱顶全回流，这样维持 5min。再将电压调至合适的位置，此时，应控制好柱顶温度，使馏出液以每 2～3s 1 滴的速度平稳流出。

【仪器与试剂】

仪器　蒸馏头，直形冷凝管，分馏柱，尾接管，温度计，圆底烧瓶，电热套。

试剂　丙酮，水。

【实验步骤】

丙酮和水的分馏　取 15mL 工业丙酮和 15mL 水（自来水）进行常压分馏，分别记录 56～62℃、62～72℃、72～98℃、98～100℃时的馏出液体积。根据温度和体积画出分馏曲线，并与简单蒸馏曲线比较。

【注释】

[1] 在逆流接触的气-液反应器或传质分离设备中，气体从下往上流动。当气体的流速增大至某一数值，液体被气体阻拦不能向下流动，愈积愈多，最后从塔顶溢出，称为液泛。

【思考题】

1. 为什么分馏时柱身的保温十分重要?
2. 为什么分馏时加热要平稳并控制好回流比?
3. 分馏与简单蒸馏有什么区别?
4. 如改变温度计水银球的位置，测量的温度会有何变化?
5. 为什么加热速度快，会使柱内温度梯度变小?
6. 为什么加热速度慢，会出现液泛现象?
7. 进行预液泛的目的是什么?

实验九　减压蒸馏

Vacuum Distillation

减压蒸馏适用于在常压下沸点较高及常压蒸馏时易发生分解、氧化、聚合等反应的热敏性有机化合物的分离提纯。一般把低于一个大气压的气态空间称为真空，因此，减压蒸馏也称真空蒸馏。

【目的与要求】

1. 了解减压蒸馏的基本原理。
2. 熟悉减压蒸馏的主要仪器设备。
3. 掌握减压蒸馏操作。

【基本原理】

液体的沸点与外界施加于液体表面的压力有关，随着外界施加于液体表面的压力的降低，液体沸点下降。沸点与压力的关系可近似地用下式表示：

$$\lg p = A + \frac{B}{T}$$

式中，p 为液体表面的蒸气压；T 为溶液沸腾时的热力学温度；A，B 为常数。

如果用 $\lg p$ 为纵坐标，$1/T$ 为横坐标，可近似得到一条直线。从二元组分已知的压力和温度，可算出 A 和 B 的数值，再将所选择的压力代入上式即可求出液体在这个压力下的沸点。

压力对沸点的影响还可以作如下估算。

(1) 从大气压降至3332Pa(25mmHg) 时，高沸点(250～300℃) 化合物的沸点随之下降100～125℃左右；

(2) 当气压在3332Pa(25mmHg) 以下时，压力每降低一半，沸点下降10℃。

对于具体某个化合物减压到一定程度后其沸点是多少，可以查阅有关资料，但更重要的是通过实验来确定。

图2-21是常用的减压蒸馏装置，由蒸馏装置、减压装置、保护装置及测压装置四部分组成。

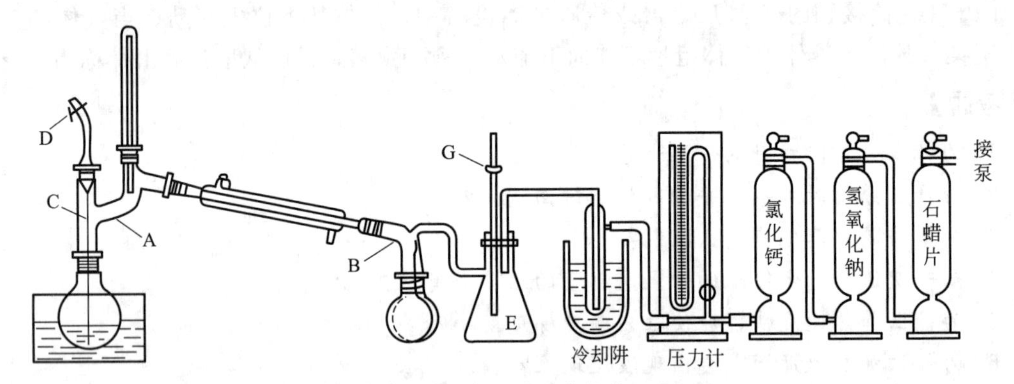

图2-21 常用减压蒸馏装置

A—克氏蒸馏头；B—多尾真空承接管；C—毛细管；D—螺旋夹；E—安全瓶；G—活塞

(1) 蒸馏部分 由蒸馏瓶、克氏蒸馏头(A)、温度计、毛细管(C)、直形冷凝器、真空接引管（若要收集不同馏分而又不中断蒸馏，则可采用三叉燕尾管）以及接液瓶等组成。毛细管的作用是使沸腾均匀稳定，其下端距离瓶底1～2mm。

(2) 抽气部分 实验室通常用油泵或水泵进行减压。

(3) 保护部分 当用油泵进行减压时，为了防止易挥发的有机溶剂、酸性物质和水汽进入油泵，必须在馏液接收器与油泵之间顺次安装安全瓶(E)、冷却阱和几种吸收塔，以免污染油泵用油，腐蚀机件。冷却阱置于盛有冷却剂的广口保温瓶中，冷却剂的选择随需要而定，可用冰-水、冰-盐、干冰等。吸收塔（干燥塔）通常设两个，前一个装无水氯化钙（或硅胶），后一个装粒状氢氧化钠。有时为了吸除有机溶剂，可再加一个石蜡片吸收塔。最后一个吸收塔与油泵相接。

(4) 测压部分 实验室通常采用水银压力计来测量减压系统的压力。水银压力计有封闭式和开口式两种。

减压蒸馏操作要点如下。

(1) 减压蒸馏时，蒸馏瓶和接收瓶均不能使用不耐压的平底仪器（如锥形瓶、平底烧瓶等）和薄壁或有破损的仪器，以防由于装置内处于真空状态，外部压力过大而引起爆炸。

(2) 减压蒸馏的关键是装置密封性好，因此在安装仪器时，应在磨口接头处涂抹少量真空脂，以保证装置密封和润滑。温度计一般用一小段乳胶管固定在温度计套管上。

(3) 仪器装好后，应空试系统是否密封。具体方法：①泵打开后，将安全瓶上的放空阀(G) 关闭，拧紧毛细管上的螺旋夹，待压力稳定后，观察压力计(表) 上的读数是否到了最小或是否达到所要求的真空度。如果没有，说明系统内漏气，应进行检查。②检查，首先将真空接引管与安全瓶连接处的橡胶管折起来用手捏紧，观察压力计(表）的变化，如果压力马上下降，说明装置内有漏气点，应进一步检查装置，排除漏气点；如果压力不变，说明自安全瓶以后的系统漏气，应依次检查安全瓶和泵，并加以排除或请指导老师排除。③漏气点排除后，应再重新空试，直至压力稳定并且达到所要求的真空度时，方可进行下面的操作。

(4) 减压蒸馏时，加入待蒸馏液体的量不能超过蒸馏瓶容积的 1/2。待压力稳定后，蒸馏瓶内液体中有连续平稳的小气泡通过。由于减压蒸馏时一般液体在较低的温度下就可蒸出，因此，加热不要太快。当馏头蒸完后换另一接收瓶开始接收正馏分，蒸馏速度控制在每秒 1～2 滴。在压力稳定及化合物较纯时，沸程应控制在 1～2℃范围内。

(5) 停止蒸馏时，应先将加热器关闭并撤走，待稍冷却后，调大毛细管上的螺旋夹，慢慢打开安全瓶上的放空阀，使压力计(表) 恢复到零的位置，再关泵。否则由于系统中压力低，会发生油或水倒吸回安全瓶或冷阱的现象。

(6) 为了保护油泵系统和泵中的油，在使用油泵进行减压蒸馏前，应将低沸点的物质先用简单蒸馏的方法去除，必要时可先用水泵进行减压蒸馏。加热温度以产品不分解为准。

【仪器与试剂】

仪器　圆底烧瓶，蒸馏头，冷凝管，尾接管，温度计，锥形瓶等。

试剂　苯胺或蒸馏水。

【实验步骤】

取两个 25mL 圆底烧瓶分别作为减压蒸馏瓶和接收瓶，照图 2-21 安装仪器，称取 10g (约 9.6mL) 苯胺，进行减压蒸馏，真空度控制在 2.66～5.32kPa。收集沸点范围一般不超过所预期的温度±1℃。得纯苯胺 9.6g。

纯苯胺：b. p. 184.13℃，n_D^{20} 1.5863。

【思考题】

1. 何谓减压蒸馏？适用于什么体系？
2. 为什么减压蒸馏时要保持缓慢而稳定的蒸馏速度？
3. 用三角瓶作减压蒸馏的接收瓶行不行？为什么？

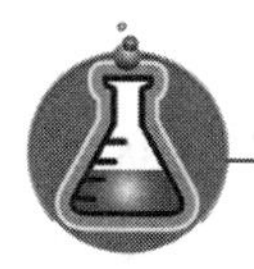

实验十　水蒸气蒸馏

Steam Distillation

【目的与要求】

学习并掌握水蒸气蒸馏的原理和操作方法。

【基本原理】

当对一个互不混溶的挥发性混合物（非均相共沸混合物）进行蒸馏时，在一定温度下，每种液体将显示其各自的蒸气压，而不被另一种液体所影响，它们各自的分压只与各自纯物质的饱和蒸气压有关，即 $p_A=p_A^0$、$p_B=p_B^0$ 而与各组分的摩尔分数无关，其总压为各分压之和，即 $p_{总}=p_A+p_B=p_A^0+p_B^0$。

由此可以看出，混合物的沸点要比其中任何单一组分的沸点都低。在常压下用水蒸气（或水）作为其中的一相，能在低于100℃的情况下将高沸点的组分与水一起蒸出来。综上所述，一个由不混溶液体组成的混合物将在比它的任何单一组分（作为纯化合物时）的沸点都要低的温度下沸腾，用水蒸气（或水）充当这种不混溶相之一所进行的蒸馏操作称为水蒸气蒸馏。

水蒸气蒸馏是纯化分离有机化合物的重要方法之一。此法常用于以下几种情况。

第一种，混合物中含有大量树脂状杂质或不挥发杂质，用蒸馏、萃取等方法难以分离；

第二种，在常压下普通蒸馏会发生分解的高沸点有机物；

第三种，脱附混合物中被固体吸附的液体有机物；

第四种，除去易挥发的有机物。

运用水蒸气蒸馏时，被提纯物质应具备以下条件。

条件一，不溶或难溶于水；

条件二，在沸腾下不与水发生反应；

条件三，在100℃左右时，必须具有一定的蒸气压（一般不少于1.333kPa）。

水蒸气蒸馏时，馏出液两组分的组成由被蒸馏化合物的分子质量以及在此温度下两者相应的饱和蒸气压来决定。假如它们是理想气体，则

$$pV=nRT=\frac{m}{M}RT$$

式中，p 为蒸气压；V 为气体体积；m 为气相下该组分的质量；M 为纯组分的摩尔质量；R 为气体常数；T 为热力学温度，K。

气相中两组分的理想气体方程分别表示为：

$$p^0_{水}V_{水}=\frac{m_{水}}{M_{水}}RT$$

$$p^0_{B}V_{B}=\frac{m_{B}}{M_{B}}RT$$

将两式相比得到式$\frac{p^0_{B}V_{B}}{p^0_{水}V_{水}}=\frac{m_{B}M_{水}RT}{m_{水}M_{B}RT}$。

在水蒸气蒸馏条件下，$V_{水}=V_{B}$且温度相等，故上式可改写为：

$$\frac{m_{B}}{m_{水}}=\frac{p^0_{B}M_{B}}{M_{水}\,p^0_{水}}$$

利用混合物蒸气压与温度的关系可查出沸腾温度下水和组分B的蒸气压。溴苯-水混合物的沸点为95℃，水的蒸气压为85.3kPa（640mmHg），溴苯为16.0kPa（120mmHg），代入上式得到：

$$\frac{m_{溴苯}}{m_{水}}=\frac{16\times157}{85.3\times18}=\frac{2512}{1535.4}=\frac{1.64}{1}$$

此结果说明，虽然在混合物沸点下溴苯的蒸气压低于水的蒸气压，但是，由于溴苯的分子质量大于水的分子质量，因此，在馏出液中溴苯的量比水多，这也是水蒸气蒸馏的一个优点。如果使用过热蒸汽，还可以提高组分在馏出液中的比例。

水蒸气装置由水蒸气发生器和简单蒸馏装置组成，图2-22给出了实验室常用的水蒸气蒸馏装置。

水蒸气发生器通常盛水量以其容积的3/4为宜。如果太满，沸腾时水将冲至烧瓶。安

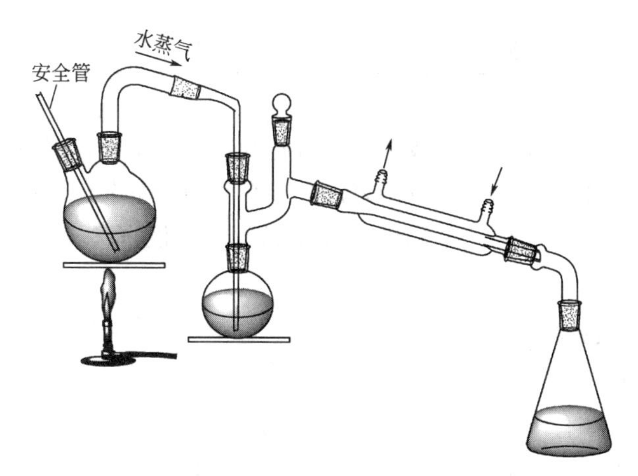

图 2-22　常用水蒸气蒸馏装置

全管的下端接近蒸汽发生器的底部。当容器内气压太大时，水可沿着玻管上升，以调节内压。如果系统发生阻塞，水便会从管的上口冲出，此时应检查圆底烧瓶内的蒸汽导管下口是否阻塞。蒸馏瓶通常采用长颈圆底烧瓶。为了防止瓶中液体因飞溅而冲入冷凝管内，可加一克氏蒸馏头，瓶内液体不宜超过容积的 1/3。为了使蒸汽不至在蒸馏瓶中冷凝而积聚过多，可加电热包加热，但要控制加热速度以使蒸馏出来的馏分能在冷凝管中完全冷凝下来。T 形管下端胶皮管上的螺旋夹，有利于及时除去冷凝下来的水滴。接收瓶前面一般加冷却水冷却。

【仪器与试剂】

仪器　水蒸气蒸馏装置。

试剂　萘。

【实验步骤】

(1) 在蒸汽发生器中加 3/4 的水，2～3 粒沸石，在圆底烧瓶中加入 10g 粗萘，然后照图 2-22 安装仪器。冷凝管用 20cm 直形冷凝管，接收瓶用 300mL 三角瓶，打开螺旋夹，开启冷凝水，加热水蒸气发生器至沸。

(2) 当有水蒸气从 T 形管的支管冲出时，旋紧夹子，让蒸汽进入烧瓶中。调节冷凝水，防止在冷凝管中有固体析出，使馏分保持液态。如果已有固体析出，可暂时停止通冷凝水，必要时可暂时将冷凝水放掉，以使物质熔融后随水流入接收器中。必须注意：当重新通入冷凝水时，要小心而缓慢，以免冷凝管因骤冷而破裂。控制馏出液速度在每秒 2～3 滴。在蒸馏过程中要随时放掉 T 形管中已积满的水。

(3) 当馏出液澄清透明不再含有有机物油滴时（在通冷却水的情况下），可停止蒸馏。先打开螺旋夹，通大气，然后方可停止加热，否则烧瓶中液体将会倒吸到水蒸气发生器中。

(4) 把接收瓶中的蒸馏液用冷水冷却，然后用布氏漏斗进行水泵减压抽滤。把结晶萘转移到表面皿中晾干。称重。

【思考题】

能运用水蒸气蒸馏的物质需要具备的条件是什么？

实验十一　萃取

Extraction

萃取是有机化学实验中用来提取或纯化有机化合物的常用操作之一。应用萃取可以从固体混合物中提取所需要的物质，也可以用来洗去混合物中少量杂质。通常前者称为萃取，后者称为洗涤。按萃取两相的不同，萃取可分为液-液萃取、液-固萃取、气-液萃取。

【目的与要求】

1. 学习萃取的基本原理。
2. 掌握萃取的操作方法。

【基本原理】

利用化合物在两种互不相溶（或微溶）的溶剂中溶解度或分配系数的不同，使某一化合物从一种溶剂部分地分配到另一溶剂中。经过若干这样的过程，把绝大部分的该化合物提取出来。组分在两相之间的平衡关系是萃取过程的热力学基础，它决定过程的方向，是推动力和过程的极限。

简单萃取过程为：将萃取剂加入到混合液中，使其互相混合，因溶质在两相间的分配未达到平衡，而溶质在萃取剂中的平衡浓度高于其在原溶液中的浓度，于是溶质从混合液向萃取剂中扩散，使溶质与混合液中的其他组分分离，因此，萃取是两相中的传质过程。A 在两相间的平衡关系可以用平衡常数 K 来表示。

$$K=\frac{c_A}{c_A'}$$

式中，c_A 为溶质在萃取剂中的浓度；c_A' 为溶质在原溶液中的浓度。

对于液-液萃取，K 通常称为分配系数，可将其近似地看作溶质在萃取剂和原溶液中的溶解度之比。

用萃取方法分离混合液时，混合液中的溶质既可以是挥发性物质，也可以是非挥发性物质（如无机盐类）。萃取过程的分离效果主要表现为被分离物质的萃取率和分离纯度。萃取率为萃取液中被提取的物质与原溶液中的溶质的量之比。萃取率越高，表示萃取过程的分离效果越好。

影响分离效果的主要因素包括：被萃取的物质在萃取剂与原溶液两相之间的平衡关系，在萃取过程中两相之间的接触情况。这些因素都与萃取次数和萃取剂的选择有关。利用分配定律，可算出经过 n 次萃取后在原溶液中溶质的剩余量。当用一定量溶剂萃取时，希望原溶液中的剩余量越少越好。因为 $KV/(KV+S)$ 总是小于 1，所以 n 越大，m_n 就越小，也就是说将全部萃取剂分为多次萃取比一次全部用完萃取效果要好。

例如，在 100mL 水中含有 4g 正丁酸的溶液，在 15℃时用 100mL 苯萃取，设已知在 15℃时正丁酸在水和苯中的分配系数 $K=1/3$，计算用 100mL 苯一次萃取和分三次萃取的结果如下。

一次萃取后正丁酸在水中的剩余量为：

$$m_1=4\times\frac{1/3\times100}{1/3\times100+100}=1.00(\text{g})$$

分三次萃取后正丁酸在水中的剩余量为：

$$m_3=4\times\left(\frac{1/3\times100}{1/3\times100+100}\right)^3=0.5(\text{g})$$

可以看出，用100mL苯一次萃取可以提出3.0g正丁酸，占总量的75%，分三次萃取后可提出3.5g，占总量的87.5%。当萃取总量不变时，萃取次数增加，每次用萃取剂的量就要减少，当$n>5$时，n和S这两种因素的影响几乎抵消。再增加萃取次数，$m_n/(m_n+1)$的变化很小。所以一般同体积溶剂分3～5次萃取即可。但是，上式知识只适用于萃取剂与原溶液不互溶的情况，对于萃取剂与原溶液部分互溶的情况，只能给出近似的预测结果。

萃取剂对萃取分离效果的影响很大，选择时应注意考虑以下几个方面。

(1) 分配系数　被分离物质在萃取剂与原溶液两相间的平衡关系是选择萃取剂首先应考虑的问题。分配系数K的大小对萃取过程有着重要的影响。分配系数K大，表示被萃取组分在萃取相的含量高，萃取剂用量少，溶质容易被萃取出来。

(2) 密度　在液-液萃取中两相间应保持一定的密度差，以利于两相的分层。

(3) 界面张力　萃取体系的界面张力较大时，细小的液滴比较容易聚结，有利于两相的分离。但是界面张力过大，液体不易分散，难以使两相很好地混合；界面张力过小时，液体易分散，但易产生乳化现象使两相难以分离。因此，应从界面张力对两相混合与分层的影响来综合考虑，一般不宜选择界面张力过小的萃取剂。常用体系界面张力的数值可在文献中找到。

(4) 黏度　萃取剂黏度低，有利于两相的混合与分层。

(5) 其他　萃取剂应具有良好的化学稳定性，不易分解和聚合，一般选择低沸点溶剂，萃取剂应容易与溶质分离和回收，此外，其毒性、易燃易爆性、价格等因素也都应加以考虑。一般选择萃取剂时，难溶于水的物质用石油醚作萃取剂，较易溶于水的物质用苯或乙醚作萃取剂，易溶于水的物质用乙酸乙酯或类似的物质作萃取剂。

常用的萃取剂有乙醚、苯、四氯化碳、石油醚、氯仿、二氯甲烷、乙酸乙酯等。

萃取常用的仪器是分液漏斗。使用前应先检查下口活塞和上口塞子是否有漏液现象。在活塞处涂少量凡士林，旋转几圈将凡士林涂均匀。在分液漏斗中加入一定量的水，将上口塞子盖好，上下摇动分液漏斗中的水，检查是否漏水。确定不漏后再使用。将待萃取的原溶液倒入分液漏斗中，再加入萃取剂（如果是洗涤应先将水溶液分离后，再加入洗涤溶液），将塞子塞紧，用右手的拇指和中指拿住分液漏斗，食指压住上口塞子，左手的食指和中指压住下口管，同时，食指和拇指控制活塞，如图2-23所示。然后将漏斗放平，前后摇动或做圆周运动，使液体振动起来，两相充分接触。在振动过程中应注意不断放气以免萃取或洗涤时内部压力过大，造成漏斗的塞子被顶开，使液体喷出，严重时会造成漏斗爆炸，造成伤人事故。放气时，将漏斗的下口向上倾斜，使液体集中在漏斗的上部，用控制活塞的拇指和食指打开活塞放气，注意不要对着人，一般振动两三次就放一次气。经几次摇动放气后，将漏斗放在铁架台的铁圈上，将塞子上的小槽对准漏斗上的通气孔，静止3～5min，待液体分层后将萃取相倒出（即有机相），新萃取剂继续萃取。重复以上操作过程，萃取完后，用干燥剂进行干燥。干燥后，先将低沸点的物质和萃取剂用简单蒸馏的方法蒸出，然后视产品的性质选择合适的纯化手段。

图2-23　萃取操作

当被萃取的原溶液量很少时，可采取微量萃取技术进行萃取。取一支离心分液管放入溶液和萃取剂。盖好盖子，用手摇动分液管或用滴管向液体中鼓气，使液体充分接触，并注意随时放气。静止分层后，用滴管将萃取相吸出，在萃取相中加入新的萃取剂继续萃取。以后的操作如前所述。

在萃取操作中应注意以下几个问题。

(1) 分液漏斗中的液体不宜太多，以免摇动时影响液体接触而使萃取效果降低。

(2) 液体分层后，上层液体由上口倒出，下层液体由下口经活塞放出，以免污染产品。

(3) 溶液呈碱性时，常产生乳化现象。有时由于存在少量轻质沉淀，两液相密度接近、两液相部分互溶等都会引起分层不明显或不分层。此时，静置时间应长一些，或加入一些食盐，增加水相的密度，使絮状物溶于水中，迫使有机物溶于萃取剂中；或加入几滴酸、碱、醇等，以破坏乳化现象。如仍有絮状物，则分液时，应将其与萃取相（水层）一起放出。

(4) 液体分层后应正确判断萃取相（有机相）和萃余相（水相），一般根据两相的密度来确定。如果一时判断不清，应将两相分别保存起来，待弄清后，再弃掉不要的液体。

【仪器与试剂】

仪器　圆底烧瓶，球形冷凝管，电热套，分液漏斗，量筒，烧杯，表面皿，玻璃棒，铁架台。

试剂　对甲苯胺，苯甲酸，萘，乙醚，5%盐酸，浓盐酸，5%氢氧化钠，饱和食盐水。

【实验步骤】

用萃取法分离苯甲酸、对甲苯胺和萘的混合物步骤如下。

对甲苯胺具有碱性，苯甲酸具有酸性，萘既不显酸性也不显碱性。因此，可先将三种物质的固体溶于乙醚，然后分别用盐酸萃取对甲苯胺，用氢氧化钠的水溶液萃取苯甲酸。

首先，分别称取对甲苯胺、苯甲酸、萘各 3g 置于 125mL 圆底烧瓶中，加入 60mL 乙醚，圆底烧瓶上安装球形冷凝器，加热回流，使固体溶解。待固体完全溶解后，冷却。将此乙醚液倒入 250mL 的分液漏斗中，然后依次用 20mL 5% HCl 萃取对甲苯胺三次，合并萃取酸液。将其置于 125mL 的分液漏斗中，分别用 15mL 乙醚萃取其中的苯甲酸和萘两次，萃取的乙醚溶液移入前分液漏斗中与醚溶液合并，萃取所得的酸液在小烧杯中慢慢加入 NaOH 中和至碱性，抽滤得对甲苯胺。

上面的醚溶液分别用 20mL 5% NaOH 萃取三次，合并碱萃取液，将其倒入 125mL 的分液漏斗中，分别用 15mL 乙醚萃取碱液中的萘两次，将所得的醚液与上面的醚液合并，所得的碱液用浓盐酸中和至酸性，抽滤得苯甲酸。

所得到的醚溶液，分别用 20mL 饱和食盐水洗涤两次，然后用蒸馏水洗至中性。将醚液移入 250mL 烧瓶中，蒸出大部分乙醚，有固体萘析出，取出自然晾干。

所得到的对甲苯胺、苯甲酸、萘分别进行重结晶。测其熔点。

【思考题】

1. 用分液漏斗萃取时，为什么要放气？

2. 用分液漏斗如何分离两相液体？为什么？

四、色谱分离技术

前面已介绍了蒸馏、萃取、重结晶和升华等有机物的提纯方法。然而，经常遇到化合物的化学性质相近的情况，以上几种方法均不能得到较好的分离，此时，用色谱分离技术可以得到满意的结果。随着科技的飞速发展，色谱分离技术应用越来越广泛，已发展成为分离、纯化、鉴定有机物和跟踪反应进程的重要实验技术。

色谱法是利用混合物中各组分在某一物质中的吸附或溶解性能（即分配）的不同，让混合物的溶液流经该物质，经过反复的吸附或分配等作用，从而将各组分分开。其中流动的体系称为流动相。流动相可以是气体，也可以是液体。固定不动的物质称为固定相，可以是固体吸附剂，也可以是液体（吸附在支持剂上）。根据组分在固定相中的作用原理不同，可分为吸附色谱、分配色谱、离子交换色谱、排阻色谱等。按操作条件可分为薄层色谱、柱色谱、纸色谱、气相色谱和高压液相色谱等。流动相的极性小于固定相极性时为正相色谱，而流动相的极性大于固定相时为反相色谱。

实验十二　柱色谱

Column Chromatography

【目的与要求】

1. 学习柱色谱技术的原理和应用。
2. 掌握柱色谱分离技术和操作。

【基本原理】

柱色谱有吸附色谱和分配色谱两种。实验室中最常用的是吸附色谱，其原理是利用混合物中各组分在固定相上的吸附能力和流动相的解吸能力不同，让混合物随流动相流过固定相发生反复多次的吸附和解吸过程，从而使混合物分离成两种或多种单一的纯组分。

在用柱色谱分离混合物时，将已溶解的样品加入到已装好的色谱柱顶端，吸附在固定相（吸附剂）上，然后用洗脱剂（流动相）进行淋洗，流动相带着混合物的组分下移。样品中各组分在吸附剂上的吸附能力不同。一般来说，极性大的吸附能力强，极性小的吸附能力相对弱一些。且各组分在洗脱剂中的溶解度也不一样，因而被解吸的能力也就不同。非极性组分由于在固定相中吸附能力弱，首先被解吸出来，被解吸出来的非极性组分随着流动相向下移动，与新的吸附剂接触，再次被固定相吸附。随着洗脱剂向下流动，被吸附的非极性组分再次与新的洗脱剂接触，并再次被解吸出来，随着流动相向下流动。而极性组分由于吸附能力强，因此不易被解吸出来，其随着流动相移动的速度比非极性组分要慢得多（或根本不移动）。这样经过反复的吸附和解吸后，各组分在色谱柱上形成了一段一段的层带，若是有色物质，可以看到不同的色带。随着洗脱过程的进行从柱底端流出。每一色带代表一个组分，分别收集不同的色带，再将洗脱剂蒸发，就可以获得单一的纯净物质。

1. 吸附剂

选择合适的吸附剂作为固定相对于柱色谱来说是非常重要的。常用的吸附剂有硅胶、氧化铝、氧化镁、碳酸钙和活性炭等。实验室一般用氧化铝或硅胶，在这两种吸附剂中氧化铝的极性更大一些，它是一种高活性和强吸附的极性物质。通常市售的氧化铝分为中性、酸性和碱性三种。酸性氧化铝适用于分离酸性有机物质；碱性氧化铝适用于分离碱性有机物质，如生物碱和烃类化合物；中性氧化铝应用最为广泛，适用于中性物质的分离，如醛、酮、酯、醌类有机物质。市售的硅胶略带酸性。

由于样品是吸附在吸附剂表面，因此颗粒大小均匀、比表面积大的吸附剂分离效率最佳。比表面积越大，组分在固定相和流动相之间达到平衡就越快，色带就越窄。通常使用的吸附剂颗粒大小以100～150目为宜。

吸附剂的活性还取决于吸附剂的含水量，含水量越高，活性越低，吸附剂的吸附能力就越弱；反之则吸附能力强。

一般常用的是Ⅱ级和Ⅲ级吸附剂；Ⅰ级吸附性太强，而且易吸水；Ⅳ级吸水性弱，Ⅴ级吸附性太弱。

2. 洗脱剂

在柱色谱分离中，洗脱剂的选择也是一个重要的因素。一般洗脱剂的选择是通过薄层色谱实验来确定的。具体方法：先用少量溶解好（或提取出来）的样品，在已制备好的薄层板上点样（具体方法见实验十四薄层色谱），用少量展开剂展开，观察各组分点在薄层板上的位置，并计算 R_f 值。哪种展开剂能将样品中各组分完全分开，即可作为柱色谱的洗脱剂。有时，单纯一种展开剂达不到所要求的分离效果，可考虑选用混合展开剂。

选择洗脱剂的另一个原则是：洗脱剂的极性不能大于样品中各组分的极性。否则会由于洗脱剂在固定相上被吸附，迫使样品一直保留在流动相中。在这种情况下，组分在柱中移动得非常快，很少有机会建立起分离所要达到的化学平衡，影响分离效果。

不同的洗脱剂使给定的样品沿着固定相的相对移动能力，称为洗脱能力。在硅胶和氧化铝柱上，洗脱能力按以下顺序排列：

己烷和石油醚＜环己烷＜四氯化碳＜二硫化碳＜甲苯＜苯＜二氯甲烷＜氯仿＜乙醚＜乙酸乙酯＜丙酮＜丙醇＜乙醇＜甲醇＜水＜吡啶＜乙酸

色谱柱是一根下端具塞的玻璃管。柱高和直径比应为8∶1。在柱底部塞脱脂棉，上盖石英砂，中间是固定相，最上层再铺一层石英砂。

装柱前应先将色谱柱洗干净，进行干燥。在柱底铺一小块脱脂棉，再铺约0.5cm厚的石英砂，然后进行装柱。装柱分为湿法装柱和干法装柱两种。

（1）湿法装柱　将吸附剂（氧化铝或硅胶）用极性最低的洗脱剂调成糊状，在柱内先加入约3/4柱高的洗脱剂，再将调好的吸附剂边敲边倒入柱中，同时，打开下旋活塞，在色谱柱下面放一个干净并且干燥的锥形瓶或烧杯接收洗脱剂。当装入的吸附剂有一定高度时，洗脱剂下流速度变慢，待所用吸附剂全部装完后，用流下来的洗脱剂转移残留的吸附剂，并将柱内壁残留的吸附剂淋洗下来。在此过程中，应不断敲打色谱柱，以使色谱柱填充均匀并没有气泡。柱子填充完后，在吸附剂上端覆盖一层约0.5cm厚的石英砂。覆盖石英砂的目的，一是使样品均匀地流入吸附剂表面；二是当加入洗脱剂时，它可以防止吸附剂表面被破坏。在整个装柱过程中，柱内洗脱剂的高度始终不能低于吸附剂最上端，否则，柱内会出现裂痕和气泡。

（2）干法装柱　在色谱柱上端放一个干燥的漏斗，将吸附剂倒入漏斗中，使其成为一细流连续不断地装入柱中，并轻轻敲打色谱柱柱身，使其填充均匀，再加入洗脱剂湿润。也可以先加入 3/4 的洗脱剂，然后再倒入干的吸附剂。装好吸附剂后，再在上面加一层约 0.5cm 的石英砂。

3. 样品的加入及色谱带的展开

液体样品可直接加入到色谱柱中，如浓度低可浓缩后再行上柱。固体样品应先用最少量的溶剂溶解后再加入到柱中。在加入样品时，应先将柱内洗脱剂排至稍低于石英砂表面后停止排液，用滴管沿柱内壁把样品一次加完。在加入样品时，应注意滴管尽量向下靠近石英砂表面。样品加完后，打开下旋活塞，使液体样品进入石英砂层后，再加入少量的洗脱剂将壁上的样品洗下来。待这部分液体进入石英砂层后，再加入洗脱剂进行淋洗，直至所有色带被展开。

【仪器与试剂】

仪器　色谱柱（可用 25mL 酸式滴定管代替），铁架台，长颈漏斗，量筒，烧杯，锥形瓶。

试剂　95%乙醇，中性氧化铝，脱脂棉，石英砂，偶氮苯，荧光黄。

【实验步骤】

偶氮苯与荧光黄的分离步骤如下。

(1) 干法装柱　用 25mL 酸式滴定管作色谱柱，取少许脱脂棉放于干净的色谱柱底。关闭活塞，向柱中加入 10mL 95%乙醇，打开活塞，控制流速为 1～2 滴/s。此时从柱上端通入一长颈漏斗，慢慢加入 5g 色谱用的中性氧化铝，用橡皮塞或手指轻轻敲打柱身下部，使填装紧密。上面再加一层 0.5cm 厚的石英砂。整个过程中一直保持乙醇流速不变，并注意保持液面始终高于吸附剂氧化铝的顶面。

(2) 上样　当洗脱剂液面刚好流至石英砂面时，立即沿柱壁加入 1mL 已配好的含有 1mg 偶氮苯与 1mg 荧光黄的 95%乙醇溶液，开至最大流速。当加入的溶液流至石英砂表面时，立即用 0.5mL 95%乙醇洗下管壁的有色物质。

(3) 展开与色带收集　加入 10mL 95%乙醇进行洗脱。偶氮苯首先向柱下移动，荧光黄则留在柱上端，当第一个色带快流出来时，更换另一个接收瓶，继续洗脱。当洗脱液快流完时，应补加适量 95%乙醇。当第一个色带快流完时，不要再补加 95%乙醇，等到乙醇流至吸附剂液面时，轻轻沿壁加入 1mL 水，然后加满水。取下此接收瓶进行蒸馏，回收乙醇。更换另一个接收瓶接收第二个色带，直至无色为止。这样两种组分就被分开了。

【思考题】

1. 为什么必须保证所装柱中没有空气泡？

2. 柱色谱所选择的洗脱剂为什么要先用非极性或弱极性的，然后再使用较强极性的洗脱剂洗脱？

实验十三　薄层色谱

Thin Layer Chromatography

【目的与要求】

1. 学习薄层色谱的原理与应用。

2. 掌握薄层色谱的操作技术。

【基本原理】

薄层色谱简称 TLC，它是另外一种固-液吸附色谱的形式，与柱色谱原理和分离过程相似，吸附剂的性质和洗脱剂的相对洗脱能力，在柱色谱中适用的同样适用于 TLC 中。与柱色谱不同的是，TLC 中的流动相沿着薄板上的吸附剂向上移动，而柱色谱中的流动相则沿着吸附剂向下移动。另外，薄层色谱最大的优点是：需要的样品少，展开速度快，分离效率高。TLC 常用于有机物的鉴定和分离，如通过与已知结构的化合物相比较，可鉴定有机混合物的组成。在有机化学反应中可以利用薄层色谱对反应进行跟踪。在柱色谱分离中，经常利用薄层色谱来确定其分离条件和监控分离的过程。薄层色谱不仅可以分离少量样品（几微克），而且也可以分离较多的样品（可达 500 mg），特别适用于挥发性较低，或在高温下易发生变化而不能用气相色谱进行分离的化合物。

在 TLC 中所用的吸附剂颗粒比柱色谱中用的要小得多，一般为 260 目以上。当颗粒太大时，表面积小，吸附量少，样品随展开剂移动速度快，斑点扩散较大，分离效果不好；当颗粒太小时，样品随展开剂移动速度慢，斑点不集中，效果不好。

薄层色谱所用的硅胶有多种：硅胶 H 不含黏合剂；硅胶 G（Gypsum 的缩写）含黏合剂（煅石膏）；硅胶 GF_{254} 含有黏合剂和荧光剂，可在波长 254nm 紫外光下发出荧光；硅胶 HF_{254} 只含荧光剂。同样，氧化铝也分为氧化铝 G、氧化铝 GF_{254} 及氧化铝 HF_{254}。氧化铝的极性比硅胶大，宜用于分离极性小的化合物。

黏合剂除煅石膏外，还可用淀粉、聚乙烯醇和羧甲基纤维素钠（CMC）。使用时，一般配成百分之几的水溶液。加黏合剂的薄板称为硬板，不加黏合剂的薄板称为软板。

1. 薄层板的制备

薄板的制备方法有两种，一种是干法制板，另一种是湿法制板。干法制板常用氧化铝作吸附剂，将氧化铝倒在玻璃上，取直径均匀的一根玻璃棒，将两端用胶布缠好，在玻璃板上滚压，把吸附剂均匀地铺在玻璃板上。这种方法操作简便，展开快，但是样品展开点易扩散，制成的薄板不易保存。实验室最常用湿法制板。取 2g 硅胶 G，加入 5～7mL 0.7%的羧甲基纤维素钠水溶液，调成糊状。将糊状硅胶均匀地倒在三块载玻片上，先用玻璃棒铺平，然后用手轻轻振动至平。大量铺板或铺较大板时，也可使用涂布器。

薄层板制备的好与坏直接影响色谱分离的效果，在制备过程中应注意以下几点。

(1) 铺板时，尽可能将吸附剂铺均匀，不能有气泡或颗粒等。

(2) 铺板时，吸附剂的厚度不能太厚也不能太薄，太厚展开时会出现拖尾，太薄样品分不开，一般厚度为 0.5～1mm。

(3) 湿板铺好后，应放在比较平的地方晾干，然后转移至试管架上慢慢地自然干燥。千万不要快速干燥，否则薄层板会出现裂痕。

2. 薄板层的活化

薄板层经过自然干燥后，再放入烘箱中活化，进一步除去水分。不同的吸附剂及配方需要不同的活化条件。例如，硅胶一般在烘箱中逐渐升温，在 105～110℃下，加热 30min；氧化铝在 200～220℃下烘干 4h 可得到活性为Ⅱ级的薄层板，在 150～160℃下烘干 4h 可得到活性为Ⅲ～Ⅳ级的薄层板，当分离某些易吸附的化合物时，可不用活化。

3. 展开剂

展开剂的选择要考虑样品各组分的极性、溶解度、挥发性等诸多因素，展开剂应对被分离物质有一定的溶解度，有适当的亲和力。一般情况下，溶剂的展开能力与溶剂的极性成正比。所选择展开剂的极性要比分离物质的极性略小，如果展开剂极性太大，吸附剂对展开剂的吸附能力大于被分离物，被分离样品各组分完全随展开剂移动，其 R_f 值过高；如果展开剂的极性太小，各组分不易随展开剂迁移。选择一个最佳的展开剂，往往要经过多次实验。混合溶剂分离效果往往比单一溶剂好，如石油醚-乙酸乙酯、环己烷-乙酸乙酯等。常用展开剂的极性顺序如下：己烷、石油醚＜环己烷＜四氯化碳＜甲苯＜苯＜二氯甲烷＜氯仿＜乙醚＜乙酸乙酯＜丙酮＜乙醇＜甲醇。

4. 点样

将样品用易挥发溶剂配成1%～5%的溶液。在距薄层板的一端10mm处，用铅笔轻轻标记起点线，在板的另一端5mm处，标记展开剂向上爬行的终点线（不能破坏薄层板表面）。

用内径小于1mm的干净并且干燥的毛细管吸取少量的样品，轻轻触及薄层板的起点线（即点样），然后立即抬起，待溶剂挥发后，再触及第二次。这样点2～3次即可，如果样品浓度低可多点几次。

5. 展开

一般展开剂的选择与柱色谱中洗脱剂的选择类似，即极性化合物选择极性展开剂，非极性化合物选择非极性展开剂。当一种展开剂不能将样品分离时，可选用混合展开剂。一般展开能力与溶剂的极性成正比。混合展开剂的选择请参考色谱柱中洗脱剂的选择。

在展开缸中注入配好的展开剂，将薄层板点有样品的一端放入展开剂中（注意展开剂液面的高度应低于样品斑点），样品斑点将随着展口剂向上迁移。当展开剂前沿至薄层板上边的终点线时，立刻取出薄层板。记录下样品及展开剂移动的距离，计算比移值。

6. 比移值 R_f 的计算

某种化合物在薄层板上上升的高度与展开剂上升高度的比值称为该化合物的比移值，常用 R_f 来表示：

$$R_f=\frac{\text{样品中某组分移动离开原点的距离}}{\text{展开剂前沿距离原点中心的距离}}$$

对于一种化合物，当展开条件相同时，R_f 只是一个常数。因此 R_f 可作为定性分析的依据。但是，由于影响 R_f 值的因素较多，如展开剂、吸附剂、薄层板的厚度、温度等均能影响 R_f 值，因此同一化合物 R_f 值与文献值会相差很大。在实验中常采用的方法是，在一块板上同时点一个已知物和一个未知物，进行展开，通过计算 R_f 值来确定是否为同一化合物。

7. 显色

样品展开后，如果本身带有颜色，可直接看到斑点的位置。但是，大多数有机物是无色的，因此就存在显色的问题。常用的显色方法有二（同样适用于柱色谱和纸色谱）。

（1）显色剂法　常用的显色剂有碘、三氯化铁水溶液、水合茚三酮等。许多有机化合物能与碘生成棕色或黄色的络合物。利用这一性质，在一密闭容器中（一般用展开缸即可）放几粒碘，将展开并干燥的薄层板放入其中。稍稍加热，让碘升华，当样品与碘蒸气反应后，薄层板上的样品点处即可显示出黄色或棕色斑点。三氯化铁溶液可用于带有酚烃基化合物的显色，水合茚三酮可用于氨基酸的显色。

（2）紫外光显色法　用硅胶 GF_{254} 制成的薄板层，由于加入了荧光剂，在254nm的紫外灯下，可观察到暗色斑点，此斑点就是样品点。

【仪器与试剂】

仪器　层析缸，烧杯，市售硅胶板，电吹风，毛细管，量筒，喷雾器，铅笔，尺子，玻璃棒，塑料手套。

试剂　亮氨酸（2g/L），脯氨酸（2g/L），两种氨基酸混合液（每种氨基酸1g/L），展开剂：正丁醇：冰醋酸：水＝40：1：10，2g/L 茚三酮乙醇溶液。

【实验步骤】

（1）点样　点样量以 5μL 为宜。点样时，用毛细管吸取样品，轻轻碰点样处，每点在纸上扩散的直径最大不超过 2mm。点样过程中，必须在第一点样品干后再点第二滴。

（2）展开　在层析缸中放一个小培养皿，培养皿中倒入适量展开剂，将点好样品的硅胶板斜立于培养皿中（注意展开剂的液面需低于样点）。当溶剂前沿至终点处时，取出硅胶板，记清楚溶剂前沿的位置，吹干。

（3）定性鉴定　用显色剂在样品面均匀喷雾，不要形成水流。吹干后，测量每一显色斑点中心与原点的距离和原点到溶剂前沿的距离，计算各种氨基酸的 R_f 值。对比标准的位置（R_f 值），确定混合样中的氨基酸种类及位置。

【附注】

1. 勿用手直接接触硅胶板。
2. 显色时，宜戴胶皮手套，以免直接接触显色剂。

【思考题】

1. 为什么展开剂的液面要低于样品斑点？如果液面高于斑点会出现什么后果？
2. 在混合物薄层色谱中，如何判定各组分在薄层板上的位置？

实验十四　纸色谱

Paper Chromatography

【目的与要求】

学习纸色谱的原理与技术。

【基本原理】

纸色谱主要用于分离和鉴定有机物中多官能团或高极性化合物如糖、氨基酸等的分离，它属于分配色谱的一种。它的分离作用不是靠滤纸的吸附作用，而是以滤纸作为惰性载体，以吸附在滤纸上的水或有机溶剂作为固定相，流动相是被水饱和过的有机溶剂或水（展开剂）。利用样品中各组分在两相中分配系数的不同达到分离的目的。它的优点是操作简单、价格便宜，所得到的色谱图可以长期保存。缺点是展开时间较长，因为在展开过程中，溶剂的上升速度随着高度的增加而减慢。纸色谱的装置由层析缸、橡皮塞、钩子组成。钩子被固定在橡皮塞上，展开时将滤纸挂在钩子上。

纸色谱操作过程与薄层色谱一样，所不同的是薄层色谱要有吸附剂作为固定相，而纸色谱只用一张滤纸，或在滤纸上吸附相应的溶剂作为固定相。在操作和选择滤纸、固定相、展开剂过程中应注意以下几点。

（1）所选用滤纸的薄厚应均匀，无折痕，滤纸纤维松紧适宜。通常做定性实验时，可采用国产1号展开滤纸，滤纸大小可自行选择，一般为3cm×20cm、5cm×30cm、8cm×50cm等。

（2）在展开过程中，将滤纸挂在层析缸内，展开剂液面高度不能超过样品点的高度。

（3）流动相（展开剂）与固定相的选择，根据被分离物质性质而定。一般规律如下。

① 对于易溶于水的化合物，可直接以吸附在滤纸上的水作为固定相（即直接用滤纸）；以能与水混溶的有机溶剂作流动相，如低级醇类。

② 对于难溶于水的极性化合物，应选择非水性极性溶剂作为固定相，如甲酰胺、*N*,*N*-二甲基甲酰胺等；以不能与固定相相混合的非极性溶剂作为流动相，如环己烷、苯、四氯化碳、氯仿等。

③ 对于不溶于水的非极性化合物，应以非极性溶剂作为固定相，如液体石蜡等；以极性溶剂作为流动相，如水、含水的乙醇、含水的酸等。

当一种溶剂不能将样品全部展开时，可选择混合溶剂。常用的混合溶剂有：正丁醇-水，一般用饱和的正丁醇；正丁醇-醋酸-水，可按4∶1∶5的比例配制，混合均匀，充分振荡，放置分层后，取出上层溶液作为展开剂。

【实验步骤】

以水作展开剂，做墨水（黑墨水或蓝墨水）组分分离，计算每一染料点的R_f值。

实验十五 气相色谱

Gas Chromatography

【基本原理】

气相色谱目前发展极为迅速，已成为许多工业部门（如石油、化工、环保等部门）必不可少的工具。气相色谱主要用于分离和鉴定气体和挥发性较强的液体混合物，对于沸点高、难挥发的物质可用高压液相色谱仪进行分离鉴定。气相色谱常分为气-液色谱（GLC）和气固色谱（GSC），前者属于分配色谱，后者属于吸附色谱。

气-液色谱法属于分配色谱，其原理与纸色谱类似，都是利用混合物中的各组分固定相与流动相之间分配情况不同，从而达到分离的目的。所不同的是气-液色谱中的流动相是载气，固定相是吸附在载体或担体上的液体。担体是一种具有热稳定性和惰性的材料，常用的担体有硅藻土、聚四氟乙烯等。担体本身没有吸附能力，对分离不起什么作用，只是用来支撑固定相，使其停留在柱内。分离时，先将含有固定相的担体装入色谱柱中。色谱柱通常是一根弯成螺旋状的不锈钢管，内径约为3mm，长度1～10m不等。当配成一定浓度的溶液样品，用微量注射器注入气化室后，样品在气化室中受热迅速气化，随载体（流动相）进入色谱柱中，由于样品中各个组分的极性和挥发性不同，气化后的样品在柱中固定相和流动相中流动，挥发性较高的组分由于在流动相中溶解度大于在固定相中的溶解度，因此，随流动相迁移快。这样，易挥发的组分先随流动相流出色谱柱，进入检测器鉴定，而难挥发的组分随流动相移动得慢，后进入检测器，从而达到分离的目的。

在图谱中除空气峰以外，其余每个峰均代表样品中的一个组分。对应每个峰的时间是各组分的保留时间。所谓保留时间，就是一个化合物从注入时刻起到流出色谱柱所需的时间。

当分离条件给定时，就像薄层色谱中的 R_f 一样，每一种化合物都具有恒定的保留时间。利用这一性质，可对化合物进行定性鉴定。在做定性鉴定时，最好用已知样品做参照对比，因为在一定条件下，就是不同的物质也可能具有相同的保留时间。

利用气相色谱还可以进行化合物的定量分析。其原理是在一定范围内色谱峰的面积与化合物各组分的含量呈直线关系，即色谱峰面积（或峰高）与组分的浓度成正比。

【实验步骤】

四氯化碳甲苯混合物的分离步骤如下。

(1) 色谱条件　载气（氮气）流速 30～80mL/min，柱温 60～100℃，气化室温度 115℃，检测温度 150℃。

(2) 进样　待基线确定后，即可进样。注入 5μL 分析纯的四氯化碳，记录其保留时间，再注入相同数量的分析纯甲苯，记录其保留时间。用同样方法注入四氯化碳-甲苯混合物样品，记录各个峰的保留时间。假定每一曲线的面积和存在的物质量近似地成正比，计算四氯化碳和甲苯在混合物中的含量。

实验十六　高压液相色谱

High Pressure Liquid Chromatograph

【基本原理】

1. 简介

高压液相色谱是近 30 年发展起来的一种高效、快速的分离、分析有机化合物的仪器。它适用于那些高沸点、难挥发、热稳定性差、离子型的有机化合物的分离与分析。作为分离分析手段，气相色谱和高压液相色谱可以互补。就色谱而言，它们的差别主要在于，前者的流动相是气体，而后者的流动相则是液体。与柱色谱相比，高压液相色谱具有方便、快速、分离效果好、使用溶剂少等优点。高压液相色谱使用的吸附剂颗粒，比柱色谱要小得多，一般为 5～50μL。因此，需要采用高的进柱口压（大于 $100kg/cm^2$）以加速色谱分离过程。这也是由柱色谱发展到高压液相色谱所采用的主要手段之一。

2. 高压液相色谱流程

高压液相色谱流程和气相色谱流程的主要差别在于，气相色谱是气流系统，高压液相色谱则是由贮液罐、高压泵等系统组成。

3. 高压液相色谱的流动相和固定相

(1) 流动相　液相色谱的流动相在分离过程中有较重要的作用，因此在选择流动相时，不但要考虑到检测器的需要，同时又要考虑它在分离过程中所起的作用。常用的流动相有已烷、异辛烷、二氯甲烷、水、乙腈、甲醇等。在使用前一般都要过滤、脱气，必要时需要进一步纯化。

(2) 固定相　常用的固定相类型有：全多孔型、薄壳型、化学改性型等。常用的固定相有 β,β′-氧二丙腈、聚乙二醇、三亚甲基异丙醇、角鲨烷等。高压液相色谱用的色谱柱大多数为内径 2～5mm，长 25cm 以内的不锈钢管。

(3) 检测器　常用的有紫外检测器、折光检测器、传动带氢火焰离子化检测器、荧光检测器、电导检测器等。

(4) 高压泵　一般采用往复泵。

【实验步骤】

在教师指导下做杀菌剂嘧霉胺的含量分析（按面积积分计算）。

(1) 样品　工业品（含量95%），SPD-10A紫外可变检测器，数据处理机。

(2) 色谱条件　200mm×4.6mm（id）不锈钢柱内填固定相（SPHERIGEL ODS C18）；流动相：甲醇+水=75+25（$V+V$）

(3) 样品配制　称取嘧霉胺样品0.04g，加入100mL容量瓶中，加入分析纯甲醇至刻度，摇匀测定。在上述操作条件下，待仪器基线稳定后，连续进数针样品，待两针的相对响应值小于1.5%时，再进样品，用数据处理机给出嘧霉胺和所含杂质的含量。

五、有机波谱学分析技术介绍

近年来，国内外有机化学实验中已广泛应用紫外光谱（UV）、红外光谱（infrared spectroscopy，IR）、核磁共振（nuclear magnetic resonance，NMR）和质谱（MS）等现代波谱技术来测定有机化合物的结构。一个纯化合物的波谱数据就像其熔点、沸点一样，也成为该物质的一项物理指标。其中最常用的是红外光谱和核磁共振谱。

（一）红外光谱

几乎所有具有共价键的化合物都会在波谱的红外区吸收电磁辐射。电磁波的红外区位于可见光（400～800nm）和无线电波（>1cm）之间。在化学中感兴趣的是红外区的振动部分，因为有机分子振动的基频在此区域。该区域的波长被确定为在2.5～25μm之间。虽然以μm表示波长λ曾一度用于表达红外吸收特征，但目前多数仪器均采用波数$\bar{\nu}$（wave number），其单位为厘米的倒数cm^{-1}。波长与波数之间的转换可利用下式进行：$\bar{\nu}$（cm^{-1}）=10000/[λ（μm）]，通常红外吸收的波长范围2.5～25μm，即频率在4000～400cm^{-1}。

1. 基本原理

当红外光通过有机分子试样时，某些频率的光被吸收，而另一些频率的光则通过。吸收红外光所产生的跃迁与分子内部的振动能级变化有关。有机分子中不同的键（C—C，C═C，C—O，C≡C，C—H，O—H和N—H等）具有不同的振动频率，因此可以通过红外光谱的特征吸收频率来鉴定这些键是否存在。

分子振动主要有伸缩振动（stretching）和弯曲振动（bending）两种形式。

双原子分子的振动方式是两个原子在键轴方向上做间谐振动。根据胡克（Hooke）定律，其振动频率与组成化学键的原子的折合质量和化学键的力常数关系可由下式表示。

$$\bar{\nu}=\frac{1}{2\pi c}\sqrt{\frac{k}{m^*}}$$

式中，$\bar{\nu}$为以波数表示的吸收频率；c为光速；k为键的力常数；m^*为相连原子的折合质量。

由此可见，振动频率（波数）与原子的折合质量成反比，而与键的力常数k成正比。例如，按以上公式计算得到的C—H键伸缩振动频率为3040cm^{-1}，实验值为2960～2085cm^{-1}。如果用重氢取代氢，其吸收频率变为2150cm^{-1}。一般来讲，力常数基本反映了A—B原子相连键的强度，如C—C单键，k值约为4.5N/cm（相当于吸收频率990cm^{-1}），C═C双键约增加一倍，为 9.7N/cm（吸收频率 1600cm^{-1}）。C—O 单键 k 值约为 5.75N/cm（相当于吸收频率 1200～1000cm^{-1}），C ═O 双键也基本上增加一倍，为 12.06N/cm（吸收频率为 1600～1900cm^{-1}）。

由于引起不同类型键的振动需要不同的能量，因而每一种官能团都会有一个特征的吸收频率。同一类型化学键的振动频率是非常接近的，总是出现在某一范围内。例如，R—NH_2，当 R 从甲基变为丁基时，N—H 键的振动频率都在 3372～3371cm^{-1}之间，没有很大的变化。所以可以用红外光谱来鉴定有机分子中存在的官能团。

红外光谱与分子结构的关系：利用红外光谱鉴定有机化合物实际上就是确定基团和频率的相互关系。一般把红外光谱图分为两个区，即官能团区和指纹区。4000～1400cm^{-1}的官能团区称为红外光谱的特征区，分子中的官能团在这个区域中都有特定的吸收峰。该区域在分析中有很大的价值。在低于 1330cm^{-1}的区域（1330～400cm^{-1}），吸收谱带较多，相互重叠，不易归属于某一基团吸收带的位置，可随分子结构的微小变化产生很大的差异。因而该区域的光谱图形千变万化，但对每种分子都是特征的，故将该区域称为指纹区。在指纹区内，每种化合物都有自己的特征图形，这对于结构相似的化合物，如同系物的鉴定是极为有用的。

在同一类基团中影响谱带位置的因素主要有如下 4 个方面。

（1）诱导效应

由于取代基具有不同的电负性，通过静电诱导作用，引起分子中电子云密度的改变，从而导致分子中化学键的力常数 k 的变化，改变了基团的特征频率。例如：

	R—C(═O)—R′	R—C(═O)—Cl	Cl—C(═O)—Cl	F—C(═O)—F
$\nu_{C=O}$/cm^{-1}	1725	1800	1818	1928

（2）共轭效应

由于共轭效应引起电子离域，结果是原来的双键伸长，力常数 k 减小，使振动频率降低。例如：

	R—C(═O)—R′	R—C(═O)—C_6H_5	R—C(═O)—NH_2
$\nu_{C=O}$/cm^{-1}	1725～1710	1695～1680	～1630

（3）空间效应

分子中立体的空间位阻会使共轭效应受到限制，共轭效应受到破坏，使得吸收频率增大。例如：

	环己烯基—C(═O)—CH_3	2,6,6-三甲基环己烯基—C(═O)—CH_3（环上 CH_3、CH_3、CH_3）
$\nu_{C=O}$/cm^{-1}	1663	1693

（4）氢键

醇、酚、羧酸和胺等化合物含 O—H、N—H 官能团，能够形成氢键，使 O—H 键长伸长，力常数 k 减小，频率降低。当醇和酚浓度小于 0.01mol/L 时，羟基处于游离态，在 3630～3600cm^{-1}出现吸收峰。当浓度增加时，会产生二聚体，则于 3515cm^{-1}出现吸收峰。

如果浓度再增加，还会形成多聚体，则于 3500cm^{-1}出现宽峰。

在羧酸溶液中也是一样，稀溶液中 C═O 吸收大约在 1760cm^{-1}，在浓溶液、纯液体和固体中，由于 C═O 和 O—H 氢键产生二聚体，结果使两个峰均向低波数位移，其吸收分别在 1730～1710cm^{-1}和 3200～2500cm^{-1}范围内。后者为一个宽而强的谱带。分子内形成的氢键可使谱带大幅度向低频方向移动。

另外，根据苯环上 C—H 键面外围弯曲振动的吸收频率，常常能确定环上取代基的位置。例如苯环上 C—H 键的面外弯曲振动在 900～650cm^{-1}。单取代苯环上有两个强的吸收峰 760～720cm^{-1}和 700～670cm^{-1}。邻位二取代可以出现三个吸收谱带 890～860cm^{-1}，815～770cm^{-1}，690～650cm^{-1}。对位二取代由于分子的对称性，只有 850～780cm^{-1}一个吸收峰。1,2,4-三取代苯环的特征吸收在 900～870cm^{-1}和 840～710cm^{-1}有两条谱带。1,2,3-三取代苯环同样有两条吸收谱带，780～740cm^{-1}和 710～670cm^{-1}。对于 1,3,5-三取代苯环，在 910～840cm^{-1}和 690～650cm^{-1}有两个特征吸收峰。红外光谱的这些特征吸收谱带对于苯环上取代基位置的确定是十分有用的信息。

2. 红外光谱仪的测定方法

红外光谱仪分为色散型和干涉型两种，前者使用较普遍。色散型红外光谱仪主要由三个基本部分组成，即红外光源、单色器和检测器。另外还有样品仓或特殊的样品分析装置，滤光器和放大记录系统。随着计算机技术的迅速发展，人工智能已经植入红外光谱的操作和分析系统，实现了计算机控制的软件操作、采样操作、系统诊断、谱图解析及帮助提示功能的同步一体化和高度自动化，使得测试工作快速、方便、准确。

红外光谱测定的一大优点就是对气态、液态和固态样品都能够进行分析。气体样品进行测定可用气体槽（先将槽内气体抽尽，然后通入气体样品）。对于较高沸点的液体样品，可取 1～10mg 滴在两块卤化物盐片之间进行测定。对于低熔点固体，可将其熔化后在卤化物盐片上进行测定，称为液膜法。对于固体样品，一般有三种方法，一是石蜡油法，用石蜡油作为分散乳将固体样品磨成糊状后夹在两卤盐片之间进行测定，用该法应注意石蜡油本身在 3030～2830cm^{-1}和 1357cm^{-1}附近有吸收；二是溶液法，采用厚度为 0.1～0.2mm 的固定槽，选择合适的溶剂溶解样品，然后进行测定；三是最常用的溴化钾压片法，将 0.5～2mg 固体样品与 100～300mg KBr 研磨压成透明薄片进行测定，但须注意，样品纯度要高，而且溴化钾易吸水，使薄片不透明，影响透光率。

近年来，一次性的红外样品测试卡已经应用于红外光谱样品分析。这种方便的红外样品测试卡的载样区为直径 19mm 含聚乙烯（PE）或聚四氟乙烯（PTFE）的微孔膜。PE 和 PTFE 都是化学稳定性的，可用于 4000～400cm^{-1}的红外分析，但对样品 3200～2800cm^{-1}之间的脂肪族 C—H 伸缩振动有影响。所用的样品一般为含有 0.5mg 固体样品或 5μL 液体样本的有机溶液。用滴管将溶解的样品滴在薄膜上，几分钟后待溶剂在室温下挥发后即可测定。非挥发性的液体也可用该方法进行测定。

目前比较先进的 Nicolet-Avator 360 全新智能型 FT-IR 仪配有标准取样附件和样品池，针对不同类型的样品，插入相应的智能软件即可测定。

实验测试完毕后，应将玛瑙研钵、刮刀和模具接触样品部件用丙酮擦洗，红外灯烘干冷却后放入干燥器中。红外光谱仪应在切断电源、光源冷却至室温后，关好光源窗。样品池或样品仓应卸除，以防样品污染或腐蚀仪器。最后将仪器盖上罩，登记和记录操作时间和仪器状况，经指导教师允许方可离去。

(二) 核磁共振谱

核磁共振谱(NMR)可能是现代化学家分析有机化合物最为有效的化学方法。该技术取决于当有机物被置于磁场中时所表现的特定核的核自旋性质。在有机化合物中所发现的这些核一般是^{1}H、^{2}H、^{13}C、^{19}F、^{15}N和^{31}P,所有具有磁矩的原子核(即自旋量子数$I>0$)都能产生核磁共振。而^{12}C、^{16}O和^{32}S没有核自旋,不能用NMR谱来研究。在有机化学中最有用的是氢核和碳核,氢同位素中,^{1}H质子的天然丰度比较大,核磁也比较强,比较容易测定。组成有机化合物的元素中,氢是不可缺少的元素,本教材仅就^{1}H NMR进行讨论。

最常用的频率为200MHz的NMR仪,H_0为4.70mT;频率为500MHz的超导NMR仪,H_0为11.75mT;目前900MHz的超导NMR仪已经问世,这必将对有机化学、生物化学和药物化学的发展起到重要的作用。

1. 核磁共振的基本原理

原子是自旋的,由于质子带电,它的自旋产生一个小的磁矩。从另一方面来讲,自旋量子数为+1/2或−1/2,有机化合物的质子在外加磁场中,其磁矩与外加磁场方向相同或相反。这两种取向相当于两个能级,其能量差ΔE与外加磁场的强度成正比。

$$\Delta E=h\gamma H_0/2\pi$$

式中,γ为磁旋率(质子的特征常数);H_0为外加磁场强度;h为普朗克常数。

如果用能量为$h\nu=\Delta E$的电磁波照射,可使质子吸收能量,从低能级跃迁到能量高的能级,即发生共振。自旋态能量差与H_0成正比。

在核磁共振测试中,旋光管置于磁场强度很大(200MHz的仪器4.70mT)的电磁铁腔中,用固定(200MHz)的无线电磁波照射时,在扫描发生器的线圈中通直流电,产生一微小的磁场,使总磁场强度有所增加。当磁场强度达到一定的H_0值,使上式中的ν值恰好等于照射频率时,样品中的某一类质子发生能级跃迁,得到能量吸收曲线,接收器就会收到信号,记录仪就会产生NMR图谱。

$$\Delta E=h\gamma H_0/2\pi=h\nu$$

$$\nu=\gamma H_0/2\pi$$

2. 化学位移

质子的共振频率不仅由外加磁场和核的磁旋率决定,而且还受到质子周围分子环境的影响。某一个质子实际受到的磁场强度,不完全与外部磁场相同。质子由电子云包围,这些电子在外界磁场的作用下发生循环的流动,又产生一个感应磁场。假若它与外界磁场是以反平行方向排列的,这时质子所受到的磁场强度将减少一点,称为屏蔽效应。屏蔽得越多,对外界磁场的感受就越少,所以质子在较高的磁场强度下才发生共振吸收。相反,假若感应磁效应与外界磁场是平行排列的,就等于在外加磁场下再增加了一个小磁场,即增加了外加磁场的强度。此时,质子受到的磁场强度增加了,这种情况称为去屏蔽效应。因电子的屏蔽和去屏蔽效应引起的核磁场共振吸收位置的移动称为化学位移。

化学位移用δ来表示,可以用总的外加磁场的百万分之几(10^{-6})来计量。在确定化合物结构时要准确地测出10^{-6}量级的变化是非常困难的,所以在实际操作中一般都选择适当的化合物作为参照标准。^{1}H NMR测定中最常用的参照物是四甲基硅烷(tetramethylsilane,TMS),将它的质子共振位置定位零。由于它的屏蔽比一般的有机分子大,故大多数有机化合物中质子的共振位置呈现在它的左侧。具体测定时一般把TMS溶入被测溶液中,称为内标法。TMS不溶于重水,当用重水作溶剂时,将装有TMS的毛细管置于被测重水中测定，称为外标法。

由于化学位移和仪器产生的频率呈正比，因此频率越高，化学位移也就分开得越大。例如，当使用 100MHz 仪器时，观察到的质子共振频率是 100Hz，相对应的化学位移（以 TMS 为标准）为 1.0。如果用 500MHz 仪器测定时，质子共振出现在 500Hz，而不是 100Hz，化学位移仍然是 1.0。这样可以分开原来不易分开的质子。

在同一分子中的氢核，由于化学环境不同，化学位移受到影响。影响化学位移的主要因素有相邻基团的电负性、各相异性效应、范德华效应、溶剂效应及氢键作用。

1-硝基丙烷的^{1}H NMR 谱给出了三组峰，其中心峰的化学位移值分别为 1.0、2.0 和 4.4，表明该分子中存在三种不同化学类型的氢键。由于硝基表现出强的吸电子性，使邻近 H_a 电子云密度降低，对该质子的屏蔽效应显著降低，成为去屏蔽效应，因而 H_a 的化学位移出现在低场。随着碳链的增加，这种去屏蔽效应逐渐降低，所以 1-硝基丙烷中氢质子的化学位移顺序为 $H_a>H_b>H_c$。

3. 自旋耦合

在有机化合物的^{1}H NMR 谱图中同一类质子吸收峰个数增多的现象叫做裂分。产生这种裂分现象的原因是由于质子本身就是一个小磁体，每一个原子不仅受外磁场的作用，也受邻近的质子产生的小磁场的影响。在一般情况下，具有核量子数 I 的 A 原子与另一个 B 原子耦合裂分形成 B 峰的数目可由下式得到：

$$N=2nI+1$$

式中，N 为观察到的 B 原子数目；n 为相邻磁等性 A 原子的数目；I 为 A 原子的核自旋量子数。

当 A 原子为^{1}H、^{13}C、^{19}F 和^{31}P 时，由于 $I=1/2$，这种表达可表示为 $n+1$ 规律。根据这一规则，1-硝基丙烷的^{1}H NMR 谱裂分方式应该是 H_c 和 H_a 均受邻近 H_b 上两个氢质子的耦合，裂分形成三重峰，而 H_b 则为六重峰。

4. 峰面积

在^{1}H NMR 谱图中，每组峰的面积与产生这组信号的质子数成正比。比较各组信号的峰面积，以确定各种不同类型质子的相对数目。近代核磁共振仪都具有自动积分功能，可以在谱图上记录下积分曲线。峰面积一般用阶梯式积分曲线来表示，积分曲线由低场向高场扫描。在有机化合物的^{1}H NMR 谱图中，从积分曲线的起点到终点的高度变化与分子中质子的总数成正比，而每一阶梯的高度则与相应质子的数目成正比。现代核磁共振仪也可将分子中各种质子的比值数标于其相应的峰下。

5. 核磁共振样品的制备

核磁共振测定一般使用配有塑料塞子的标准玻璃旋光管。一般将 5～10mg 样品溶于 0.5～1.0mL溶剂中。对于黏度不大的液体有机化合物，可以不用溶剂直接测定。对具有一定黏度的液体化合物样品，最好在溶剂条件下测定。一个非常简便的方法就是先加入 1/5 体积的被测物质，然后加入 4/5 的溶剂，加上塞子摇匀后进行测定。

对于固体有机化合物一定要选择合适的溶剂，溶剂不能含有氢质子，最常用的有机溶剂是 CCl_4，随着被测物质极性的增大，就要选择氘代的溶剂 $CDCl_3$ 或 CCl_4 来进行测定。如果这些溶剂不适用时，一些特殊的氘代溶剂如 CD_3OD、CD_3OD、CD_3COCD_3、C_6D_6、DMF-d_7 等都可用来进行测定。如果有机样品对酸性不敏感，可用三氟乙酸作溶剂（其 δ 大于 12)，不干扰其他质子的吸收。值得注意的是，这些溶剂常常导致化学位移与在 CCl_4 和

$CDCl_3$ 测定条件下的偏差，但是这种偏差有时可能有利于分开由 CCl_4 或 $CDCl_3$ 引起重峰形成的吸收峰。

六、有机化合物分子结构认识

碳元素是组成有机化合物的主要元素，在有机化合物的结构中一般都是四价的。有机化合物分子的立体结构与碳原子杂化轨道的空间分布有着密切的关系。一些在平面结构上不能解决的问题，只要引入碳原子的立体概念就容易解决了。同分异构现象在有机化合物中极为普遍并且种类繁多，分子模型可以形象地表明分子中各个原子之间的结合情况和空间的排列。

实验十七　分子模型作业

Operation of Molecular Model

【目的与要求】

1. 会用立体概念理解平面图形及其某些特有现象和性质。
2. 加深对有机化学分子立体结构的理解。
3. 了解有机化合物异构现象产生的原因。

【基本原理】

同分异构现象在有机化合物中非常普遍。分子式相同，分子中原子之间的排列次序不同而形成的不同化合物的现象称为构造异构。分子的结构相同，而分子中原子或原子团在空间的排列不同而形成的化合物的现象，称为立体异构。构造异构根据不同的情况可分为碳链异构、位置异构、官能团异构和互变异构。立体异构可分为顺反异构、旋光异构和构象异构。

建造有机化合物的分子模型，对理解与掌握有机化合物的结构有很大帮助。通常采用的分子模型是凯库勒分子模型。凯库勒分子模型是利用不同颜色的塑料或橡胶小球代表不同元素的原子，用短棒（套管）代表原子之间的价键，弯曲的棒代表双键或三键。碳原子可以用有多个小孔的黑色圆球代表；氢原子用黄色或灰色的小球（体积最小）代替；其他不同颜色不同体积的小球可以代表氧原子、卤素原子、氮原子等。

分子模型不能代表原子大小的比例，棒的长度也不能代表原子之间的真实距离。但是它们仍然能够帮助我们辨别在分子中原子的各种排列的可能，并且可以假定分子的各种形状，以及用平面式来表示这些形状。

【仪器与试剂】

有机分子模型一箱。

【实验步骤】

1. 烷、烯、炔的分子模型

（1）甲烷、乙烷、乙烯和乙炔　比较 sp^3、sp^2、sp 杂化键角的不同，注意分子中各原子的相对位置的特点。

（2）丁烯　组成丁烯的各种异构体的模型，了解位置异构与碳链异构的区别。

2. 构象异构

（1）乙烷　旋转 C—C 单键，注意不同构象时前后两个碳原子的相对位置，画出纽曼投影式。

（2）丁烷　旋转 C2—C3 单键，观察四种典型构象，画出纽曼投影式，并按稳定性顺序排列。

（3）环己烷的构象　连出环己烷的分子模型。

a. 扭成船式构象，观察船头碳上两个氢原子的距离，C2—C3 与 C5—C6 原子的价键是重叠式还是交叉式？画出透视式。

b. 扭成椅式构象，观察相邻碳原子的价键是重叠式还是交叉式；找出六个 *a* 键和六个 *e* 键，注意相邻两个碳上的 *a* 键或 *e* 键总是一个朝上一个朝下；观察 *a*、*e* 键在分子内受力情况。以 C1 上两个 C—H 键为例，1*e* 受到 2*a*、2*e*、6*a*、6*e* 四个 C—H 键的排斥作用。1*a* 除受到这四个键作用外，还受到 3*a* 和 5*a* 两个 C—H 键的作用（1,3-二竖键相互作用）。

c. 把六个 *a* 键插上同一种颜色的小球，扭成另外一种椅式构象，注意原来的 *a* 键是否变成了 *e* 键，画出椅式构象的透视式，标明 *a*、*e* 键。

（4）甲基环己烷的构象　将上述环己烷的任意一个氢原子换成一个甲基，扭成椅式构象，此时甲基是在 *a* 键还是 *e* 键？扭转模型得到另一椅式构象，此时甲基在 *a* 键还是 *e* 键？画出两种椅式构象的透视式，比较两种构象哪种稳定。为什么？

3. 顺反异构

（1）2-丁烯　观察两种构型的分子模型，二者能否重合？画出平面式，注明 *Z*/*E* 构型。

（2）2-丁烯酸　观察两种构型的分子模型，二者能否重合？画出平面式，注明 *Z*/*E* 构型。

（3）1,4-环己烷二羧酸　把环看作一个平面，根据两个羧基在环平面的同侧还是异侧，可得不同的构型。分别画出其平面式，注明顺反构型。在反式构型中，根据羧基在 *a* 键还是 *e* 键，可得两种构象，分别画出透视式，指出优势构象。

（4）十氢化萘　十氢化萘由两个环己烷稠合而成，按稠合处两个氢原子的空间位置不同产生顺式和反式两种异构体。在反式中，两个取代基都在 *e* 键上，称为 *ee* 稠合；顺式中，一个取代基在 *a* 键上，一个在 *e* 键上，称为 *ea* 稠合。观察两个环己烷的稠合方式以及 C9、C10 上的氢原子位于环平面的同侧还是异侧？位于 *a* 键还是 *e* 键？哪种异构体稳定？

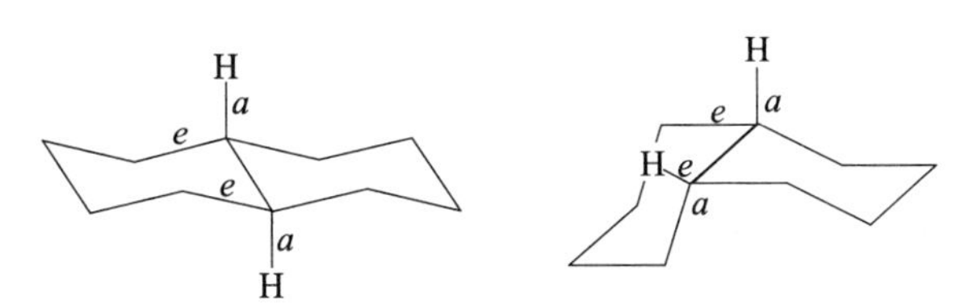

4. 旋光异构（光学异构）

（1）甘油醛　观察两种分子模型，画出费歇尔投影式，并用 D、L 及 *R*、*S* 命名法命名。

（2）2,3-二羟基丁二酸（酒石酸）　观察酒石酸的四种模型，分别画出其费歇尔投影式，并用 *R*、*S* 命名法命名。根据模型判断彼此能否重合，相互关系如何。异构体数目符合 2^n 个吗？为什么？

（3）葡萄糖的开链结构及 *α*、*β*-吡喃葡萄糖的稳定构象　环状葡萄糖主要是 C5—OH 与醛基形成六元环状半缩醛结构，称吡喃葡萄糖。成环后，原醛基碳原子变成手性碳原子，有两种构型，分别称为α、β-吡喃葡萄糖。

先组成D-葡萄糖的开链结构，观察其各种原子的相对位置；在开链结构的基础上，连接成环状的吡喃环，观察两种构型的结构及构象，比较其稳定性。

画出分别的结构式。

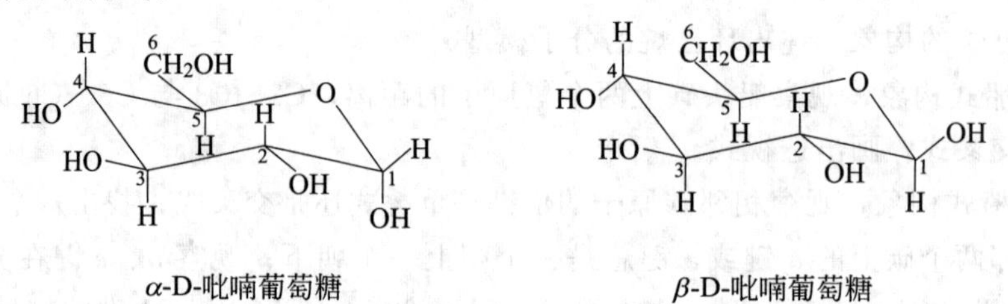

α-D-吡喃葡萄糖　　β-D-吡喃葡萄糖

【思考题】

1. 在环己烷椅式构象中，为什么H在e键上比在a键上稳定？

2. 组成丁烯二酸两种构型的分子模型，根据模型解释哪种异构体易形成酸酐。

第三篇　天然产物的提取实验

实验十八　从茶叶中提取咖啡因

Extracting Caffeine from Tea-leaves

【目的与要求】

1. 学习从茶叶中提取咖啡碱的实验方法。

2. 学习和巩固连续提取、升华、蒸馏等基本操作。

【基本原理】

茶叶中含有多种生物碱，其中咖啡因（又称咖啡碱）约占1%～5%，另外还有丹宁酸（又称鞣酸）约占11%～12%，色素、蛋白质等约占0.6%。

咖啡因是一种嘌呤衍生物，化学名称为1,3,7-三甲基-2,6-二氧嘌呤。结构如下所示：

咖啡因是弱碱性化合物，含结晶水的咖啡因为白色针状晶体，溶于水、乙醇、氯仿、丙酮等，微溶于石油醚。在100℃时失去结晶水，开始升华，120℃时升华相当显著，178℃以上升华加快。无水咖啡因的熔点为238℃。

本实验是用水和乙醇在脂肪提取器中连续抽提，然后蒸去溶剂，浓缩而得粗咖啡因，再利用升华将咖啡因与其他生物碱和杂质分离。

图3-1是实验室中常见的脂肪提取器。在提取前，先将滤纸卷成圆柱状，其直径略小于提取筒的内径，一端用线扎紧，滤纸筒装入研细的被提取的固体，轻轻压实，上盖以滤纸，放入提取筒中，然后开始加热，使溶剂回流，待提取筒中的溶剂液面超过虹吸管上端后，提取液自动流入加热瓶中，溶剂受热回流，循环不止，直至物质大部分被提取后为止，一般需要数小时才能完成。提取液经浓缩或减压浓缩后，将所得固体进行重结晶或升华，得纯品。

升华是提纯固体有机物的又一常见方法。许多固体物质受热时不经过液态就能直接气化为蒸气，其蒸气又能直接冷凝为固体，这一过程就称为升华。但由于升华要求被提纯物在其熔点温度下具有较高的蒸气压，故仅适用于一部分固体物质，而不是纯化固体物质的通用方法。

【仪器与试剂】

仪器　蒸发皿（100mL），150℃温度计，玻璃漏斗，量筒（100mL），烧杯（50mL），滤纸筒，脂肪（索氏）提取器，普通蒸馏装置，台秤，分析天平，滤纸，试管，大烧杯，大小蒸发皿两个，加热套，水浴装置，250mL圆底烧瓶，100mL圆底烧瓶，抽滤装置。

试剂　茶叶，95%乙醇，生石灰（CaO）粉，固体咖啡因，饱和咖啡因水溶液，硅钨酸试剂，碘化铋钾试剂，浓氨水，H_2O_2(30%)，HCl(5%)，H_2SO_4(50g/L)，砂。

【实验步骤】

1. 萃取

方法一　称取茶叶末10g，装入脂肪提取器的滤纸套筒内[1]，圆底烧瓶中加入100mL 95%乙醇，并加入几粒沸石，水浴加热（见图3-1）。连续提取1～1.5h[2]，待冷凝液刚刚虹吸下去时，停止加热。

方法二　称取茶叶末10g，置于250mL圆底烧瓶中，加入100mL 95%乙醇，安装回流装置［见图1-2(a)］，加热回流1h。冷后抽滤（图3-2），将滤液倒入100mL圆底烧瓶中。

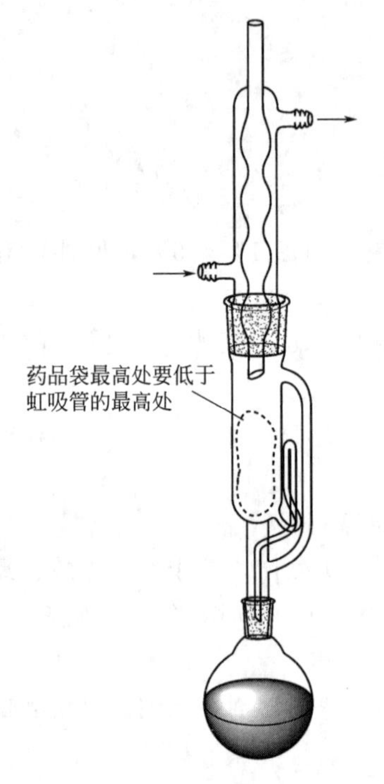

图3-1　脂肪提取器

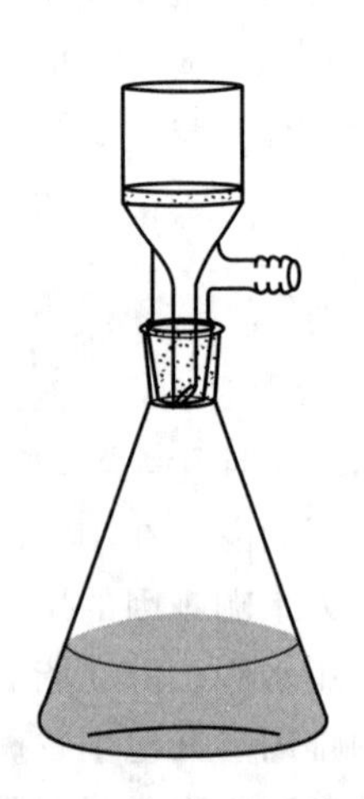

图3-2　减压抽滤装置

2. 蒸馏

改为蒸馏装置（见图2-17），回收大部分乙醇，烧瓶中剩余约5～10mL残留液。

3. 升华

将残留液倾入蒸发皿，加入3～4g生石灰[3]，在蒸汽浴上蒸干，再用小火焙炒片刻，使水分全部除去[4]，冷却后，将固体粉末铺均匀，擦去沾在边上的粉末，以免在升华时污染产物。取一合适的玻璃漏斗（漏斗的颈部用棉花团塞住，防止蒸气逸出），倒罩在隔以刺有许多小孔的滤纸（孔刺向下）的蒸发皿上，用砂浴小心加热升华[5]（见图2-16）。当纸上出现白色针状结晶时，要控制火焰，尽可能使升华速度放慢，提高结晶纯度。如发现有棕色烟雾时，即升华完毕，停止加热，冷却后，揭开漏斗和滤纸，观察现象，仔细地把附在纸上及器皿周围的咖啡因结晶用小刀刮下。残渣经拌和后，用较大的火焰再加热升华一次。合并两次升华收集的咖啡因，如产品中还有颜色和含有杂质，可用热水重结晶。

4. 检验

(1) 与硅钨酸试剂反应　取少量咖啡因，加入少许乙醇溶解，再加入1～2滴硅钨酸试剂，应有淡黄色或白色沉淀出现。

（2）与碘化铋钾试剂反应　取一支试管，加少许咖啡因固体和 1mL 50g/L 硫酸溶液，加入 2 滴碘化铋钾溶液。有橘黄色沉淀生成则有生物碱存在。

（3）紫脲酸胺反应　在蒸发皿或小瓷匙内中放入少量咖啡因结晶，加 8～10 滴 30％的 H_2O_2，再加 5％的稀盐酸 4～5 滴，置水浴上加热蒸干，残渣显美丽的玫瑰红色。在残渣上滴加 1 滴浓氨水，观察颜色变化，有紫色出现说明有含嘌呤环的生物碱存在[6]。

测定熔点，称重，计算产率。

【注释】

［1］滤纸套大小既要紧贴器壁又要能方便取放，其高度不能超过虹吸管，滤纸包茶叶末时要严防漏出而堵塞虹吸管。

［2］提取时间视提取液的颜色而定，若提取液颜色很淡，即可停止提取。

［3］生石灰起吸水和中和作用，以除去部分酸性杂质。

［4］如水分不除尽，将会在下一步升华开始时带来一些烟雾，污染器皿。

［5］升华操作是本实验成败的关键，在升华过程中要始终严格控制加热温度。温度太高，会使被烘物炭化。进行再升华时，加热温度也要严格控制，否则使被烘物大量冒烟，导致产物不纯和损失。

［6］咖啡因可被过氧化氢等氧化剂氧化，生成四甲基偶嘌呤（将其用水浴蒸干，呈玫瑰红色），后者与氨作用即成紫色的紫脲酸铵。该反应是嘌呤类生物碱的特征反应。

【思考题】

1. 脂肪提取器的萃取原理是什么？它比一般浸泡萃取有哪些优点？

2. 升华操作时应注意什么问题？

实验十九　从黑胡椒中提取胡椒碱

Extracting Piperine from Black P. Nigrum L.

【目的与要求】

认识胡椒碱的结构，学习胡椒碱的提取原理与方法。

【基本原理】

黑胡椒具有香味和辛辣味，是菜肴调料中的佳品。黑胡椒中含有大约 1％的胡椒碱和少量胡椒碱的几何异构体佳味碱（chavicin）。黑胡椒的其他成分为淀粉（20％～40％）、挥发油（1％～3％）、水（8％～12％）。胡椒碱分子结构如下：

$$\text{(piperidyl)N—C(=O)—CH=CH—CH=CH—C}_6\text{H}_3\text{(O—CH}_2\text{—O)}$$

将磨碎的黑胡椒用乙醇加热回流，可以方便地萃取胡椒碱。在乙醇的粗萃取液中，除了含有胡椒碱和佳味碱外，还有酸性树脂类物质。为了防止这些杂质与胡椒碱一起析出，把稀的氢氧化钾醇溶液加至浓缩的萃取液中使酸性物质成为钾盐而留在溶液中，以避免胡椒碱与酸性物质一起析出，而达到提纯胡椒碱的目的。

酸性物质主要是胡椒酸，它是下面四个异构体中的一个，只要测定水解所得胡椒酸的熔点，就可说明其立体结构。

HOOC　　COOH

熔点215～217℃　　熔点200～202℃

COOH　　HOOC

熔点154～156℃　　熔点134～136℃

【仪器与试剂】

仪器　研钵，圆底烧瓶，回流冷凝管，布氏漏斗，真空泵，水浴锅，烧杯，玻璃棒。

试剂　黑胡椒（市售），95%乙醇(C. P.)，2mol/L 氢氧化钾乙醇溶液，丙酮（C. P.）。

【实验步骤】

将磨碎的黑胡椒 15g 和 95%乙醇 150～180mL 放在圆底烧瓶中（用索氏提取器效果最好，所需溶剂量少），装上回流冷凝管，缓缓加热回流 3h（由于沸腾混合物中有大量的黑胡椒碎粒，因此应小心加热，以免暴沸），稍冷后抽滤。滤液在水浴上加热浓缩（采用蒸馏装置，以回收乙醇），至残留物为 10～15mL，然后加入 15mL 温热的 2mol/L 氢氧化钾乙醇溶液，充分搅拌，过滤除去不溶物质。将滤液转移到另一烧杯，置于热水浴中，慢慢滴加10～15mL水，溶液出现浑浊并有黄色结晶析出。经冰水浴冷却，过滤分离析出的胡椒碱沉淀，干燥称重，观察颜色。粗产品用丙酮重结晶，得产品，观察性状，测熔点（文献值 129～131℃）。

【思考题】

1. 胡椒碱应归入哪一类天然化合物？
2. 实验得到的胡椒碱是否具有旋光性？为什么？

实验二十　从橙皮中提取柠檬烯

Extracting Limonene from the Peels of Oranges

【目的与要求】

1. 学习水蒸气蒸馏的原理和操作方法。
2. 学习从植物中提取精油的实验方法。

【基本原理】

植物组织中含有许多挥发性物质，这些挥发性成分的混合物统称精油，它们大都具有令人愉快的水果香味。从柠檬、橙子和柚子等水果果皮中提取的精油 90%以上是柠檬烯。柠檬烯又称苧烯，是一种单环萜，分子中有一个手性中心。其 *S*-(−)-异构体存在于松针油、薄荷油中；*R*-(＋)-异构体存在于柠檬油、橙皮油中；外消旋体存在于香茅油中。

当不相混溶的液体化合物进行蒸馏时，混合物的沸点比单独任一组分的沸点都要低。用水与不相混溶的有机物所进行的蒸馏就叫水蒸气蒸馏。其优点是有机物可在低于100℃的温度下蒸出，馏出的有机物可与水分层而分离，水蒸气蒸馏是分离纯化液体或固体化合物的常用方法之一。它适合于：①沸点较高，在沸点温度下易发生分解或其他化学变化；②混合物中存在大量难挥发树脂或固体杂质；③从混合物中除去挥发性产物；④用其他方法有一定的操作困难。利用水蒸气蒸馏的化合物必须是：①不溶或难溶于水；②与沸水或水蒸气长时间共存不发生任何化学变化；③在100℃附近有一定的蒸气压（一般不小于1333Pa）。

本实验是先采用水蒸气蒸馏法将柠檬烯从橙皮中提取出来，再用二氯甲烷从提取液中萃取，最后蒸去二氯甲烷即获得精油。可通过测定其折射率、比旋光度以及气相色谱法了解其中柠檬烯的纯度和含量。

【仪器与试剂】

仪器　水蒸气蒸馏装置，普通蒸馏装置，分液漏斗，折光仪，旋光仪，锥形瓶。

试剂　橙皮，二氯甲烷，无水硫酸钠。

【实验步骤】

将10g橙皮[1]剪成细碎的碎片，投入250mL三口烧瓶中，加入约30mL水，安装水蒸气蒸馏装置[2]（见图2-22）。松开安全管，加热水蒸气烧瓶至水沸腾，单口烧瓶中的支管口有大量水蒸气冒出时，夹紧安全管，打开冷凝水，水蒸气蒸馏即开始进行，可观察到在馏出液的水面上有一层很薄的油层。当馏出液收集约60～70mL时，松开安全管，然后停止加热[3]。

将馏出液加入分液漏斗中，每次用10mL二氯甲烷萃取三次。合并萃取液，置于干燥的50mL锥瓶中，加入适量无水硫酸钠干燥0.5h以上。

将干燥好的溶液滤入50mL蒸馏瓶中，用水浴加热蒸馏。当二氯甲烷基本蒸完后改用水泵减压蒸馏以除去残留的二氯甲烷。最后瓶中只留下少量（几滴～十几滴）橙黄色液体即为橙油[4]。

测定橙油的折射率、比旋光度[5]，并与纯物质比较。有条件的可用气相色谱测定橙油中柠檬烯的含量。

纯粹的柠檬烯：b.p.176℃；n_D^0 1.4727；$[\alpha]_D^{20}$ ＋125.6°。

【注释】

［1］橙皮最好用新鲜的，若没有，干的也可提取，但效果较差。

［2］亦可用1000mL或500mL平底烧瓶代替水蒸气发生器。

［3］此时馏出液滴中基本无油。

［4］本实验所得的橙油量较少，因此以上每步处理要非常小心，否则可能得不到

［5］测定比旋光度可将几个人所得柠檬烯合并起来，用95％乙醇配成5％溶液进行测定，将纯柠檬烯配成同样的浓度测定，然后进行比较。

【思考题】

1. 水蒸气蒸馏装置中的安全管和T形管的作用分别是什么？
2. 如何判断有机物已基本蒸馏完？

实验二十一　从黄连中提取黄连素

Extracting Berberine from Coptis

【目的与要求】

1. 学习从天然植物中提取和分离生物碱的方法。

2. 了解黄连素的结构，比较索氏提取器与回流提取器的优异点。

【基本原理】

黄连为我国名产药材之一，抗菌力很强，对急性结膜炎、口疮、急性细菌性痢疾、急性肠胃炎等均有很好的疗效。黄连中含有多种生物碱。除以黄连素（俗称小檗碱 berberine）为主要有效成分外，尚含有黄连碱、甲基黄连碱、棕榈碱和非洲防己碱等。随野生和栽培及产地的不同，黄连中黄连素的含量约在 4%～10%之间。含黄连素的植物很多，如黄柏、三颗针、伏牛花、白屈菜、南天竹等均可作为提取黄连素的原料，但以黄连和黄柏含量为高。

黄连素是黄色针状体，微溶于水和乙醇，较易溶于热水和热乙醇中，几乎不溶于乙醚，黄连素存在下列三种互变异构体：

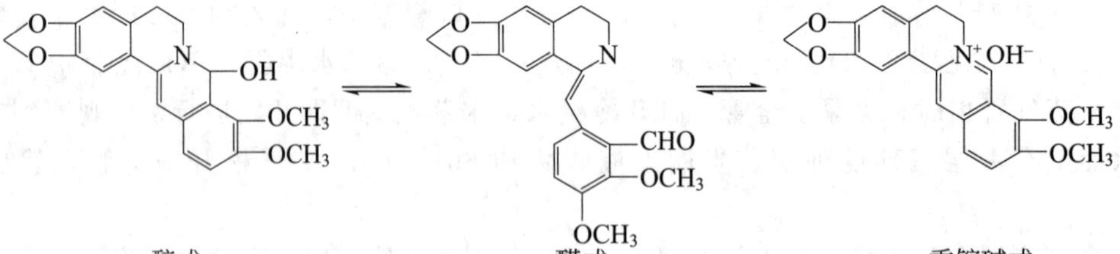

醇式　　　　醛式　　　　季铵碱式

在自然界黄连素多以季铵盐的形式存在，其盐酸盐、氢碘酸盐、硫酸盐、硝酸盐均难溶于水，易溶于热水，且各种盐的纯化都比较容易。

【仪器与试剂】

仪器　研钵，圆底烧瓶，球形冷凝管，索氏提取器，量筒，电热套，抽滤瓶，滤纸，布氏漏斗，真空泵，显微测熔仪。

试剂　中药黄连，95%乙醇（C. P.），浓盐酸（C. P.），1%醋酸，浓盐酸，石灰乳。

【实验步骤】

1. 黄连素的提取

方法一　称取 10g 中药黄连切碎、磨烂，放入 250mL 圆底烧瓶中，加入 100mL 乙醇，装上回流冷凝管，热水浴加热回流 0.5h，冷却，静置 1h，抽滤。滤渣重复上述操作处理两次，合并三次所得滤液，在水泵减压下蒸出乙醇（回收），直到呈棕红色糖浆状。

方法二　称取 10g 中药黄连切碎、磨烂，放入装好的滤纸筒中，将开口端折叠封住，放入索氏提取器筒中。取用 250mL 圆底烧瓶，放入 2 粒沸石，量取 95%乙醇 150mL，倒入圆底烧瓶约 120mL，剩余 30mL 乙醇倒入提取筒中。安装好提取装置，加热回流 1.5h。当提取筒中提取液颜色变得很浅时，说明大部分提取完全，完成最后一次虹吸，停止加热。在水泵减压下蒸出乙醇（回收），直到棕红色糖浆状。

2. 黄连素的精制

再加入 1%醋酸（约 30～40mL），加热溶解，抽滤，以除去不溶物，然后向溶液中滴加浓盐酸，至溶液浑浊为止（约需 10mL），放置冷却，即有黄色针状体的黄连素盐酸盐析出[1]，抽滤，结晶用冰水淋洗两次[2~4]，再用丙酮洗涤一次，烘干后称重，测熔点[5]。

【注释】

［1］ 黄连素的提取回流要充分。

［2］ 滴加浓盐酸前，不溶物要去除干净，否则影响产品的纯度。

［3］ 得到纯净的黄连素晶体比较困难。将黄连素盐酸盐加热水至刚好溶解，煮沸，用石灰乳调节 pH 为 8.5～9.8，冷却后滤去杂质，滤液继续冷却到室温下，即有游离的黄连素（针状体）析出。

［4］ 最好用冰水浴冷却。如晶形不好，可用水重结晶一次。

［5］ 本实验采用显微测熔仪测定其熔化温度。据文献报道，如采用曾广方氏的方法测定，加热至 220℃左右时分解为盐酸小檗红碱，至 278～280℃时完全熔融。

【思考题】

1. 黄连素为何种生物碱类的化合物？

2. 为何要用石灰乳来调节 pH 值？用强碱氢氧化钾（钠）可以吗？为什么？

实验二十二　从槐花米中提取芦丁

Extracting Rutin from Sophra Japonica

【目的与要求】

学习用碱法提取芦丁的方法。

【基本原理】

芦丁（Rutin）又称云香苷（Rutioside），有调节毛细管壁的渗透性的作用，临床上作为高血压症的辅助治疗药物。

芦丁存在于槐花米和荞麦叶中，槐花米是槐系豆科槐属植物的花蕾，芦丁含量高达 12%～16%，荞麦叶中含 8%。芦丁属于黄酮类化合物。黄酮类化合物的基本结构如下：

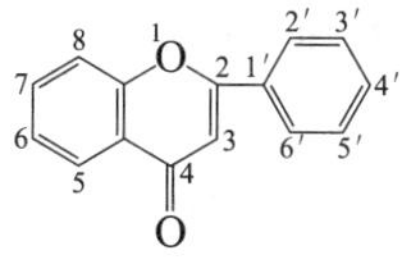

黄酮的中草药成分几乎都带有一个以上羟基，还可能有甲氧基等其他取代基，3、5、7、3′、4′几个位置上有羟基或甲氧基的机会最多，6、8、6′、2′等位置上有取代基的成分比较少见。由于黄酮类化合物结构中的羟基较多，大多数情况下是一元苷，也有二元苷。芦丁是黄酮苷，其结构如下：

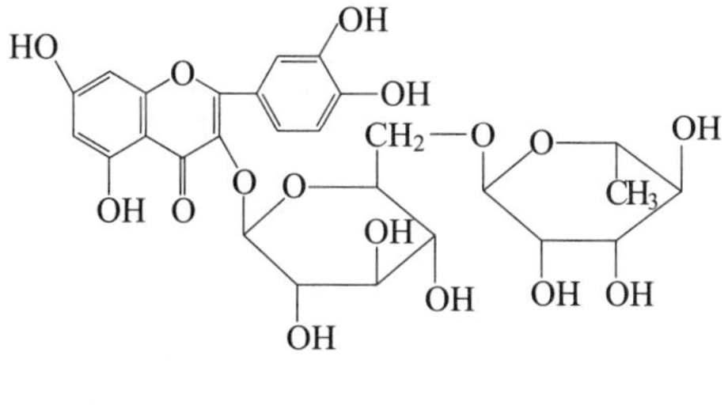

芦丁（槲皮素-3-*O*-葡萄糖-*O*-鼠李糖）呈淡黄色小针状结晶，不溶于乙醇、氯仿、石油醚、乙酸乙酯、丙酮等溶剂，易溶于碱液中呈黄色，酸化后复析出，可溶于浓硫酸和浓盐酸呈棕黄色，加水稀释复析出。芦丁含 3 个结晶水时熔点为 174～178℃，无水芦丁的熔点为 188℃。

【仪器与试剂】

仪器　烧杯（250mL），抽滤装置，试管，表面皿，红外灯，电炉，台秤。

试剂　槐花米，饱和石灰水溶液，盐酸（15%），浓盐酸，Na_2CO_3（10%），pH 试纸，Fehling 试剂Ⅰ和 Fehling 试剂Ⅱ，镁粉，饱和芦丁水溶液，饱和芦丁乙醇溶液。

【实验步骤】

1. 芦丁的提取

称取 16g 槐花米于研钵中研成粉状物，置于 250mL 烧杯中，加入 100mL 饱和石灰水溶液[1]，于石棉网上加热至沸，并不断搅拌，煮沸 15min 后，抽滤。滤渣再用 100mL 饱和石灰水溶液煮沸 10min，抽滤。合并二次滤液，然后用 15%盐酸中和（约需 3mL），调节 pH 值为 3～4[2]。放置 1～2h，使沉淀完全。抽滤[3]，沉淀用水洗涤 2～3 次，得到芦丁的粗产物。

将制得的粗芦丁置于 250mL 的烧杯中，加水 100mL，于石棉网上加热至沸，不断搅拌并慢慢加入约 30mL 饱和石灰水溶液，调节溶液的 pH 值为 8～9，待沉淀溶解后，趁热过滤。滤液置于 250mL 的烧杯中，用 15%盐酸调节溶液的 pH 值为 4～5，静置 0.5h，芦丁以浅黄色结晶析出，抽滤。产品用水洗涤 1～2 次，烘干后重约 1.0g，熔点 174～176℃，芦丁熔点文献值为 174～178℃。

2. 芦丁的性质

（1）糖苷的水解　取一支试管，加入 1mL 饱和芦丁水溶液及 5 滴 3mol/L 硫酸，将此试管放在沸水浴中煮沸 15～20min。冷却后，加入 10% Na_2CO_3 溶液中和至碱性（用 pH 试纸检验）。

取 2 支试管，分别加入 Fehling 试剂Ⅰ和 Fehling 试剂Ⅱ各 0.5mL，混合均匀后于水浴中微热。分别加入 1mL 上述水解液、饱和芦丁水溶液，振荡后于沸水浴中加热 3～4min。观察结果。

（2）还原显色反应[4]　取一支试管，加入 1mL 饱和芦丁乙醇溶液，然后加入少量镁粉，振摇，滴加几滴浓盐酸。观察结果。

【注释】

［1］ 加入饱和石灰水溶液既可以达到碱溶解提取芦丁的目的，又可以除去槐花米中大量多糖黏液质，也可直接加入 150mL 水和 1g $Ca(OH)_2$ 粉末，而不必配成饱和溶液，第二次溶解时只需加 100mL 水。

［2］ pH 值过低会使芦丁形成锌盐而增加水溶性，降低收率。

［3］ 抽滤可用棉布代替滤纸进行。

［4］ 芦丁能被镁粉-盐酸和锌粉-盐酸还原而显红色，产物加碱至碱性将变为绿色。

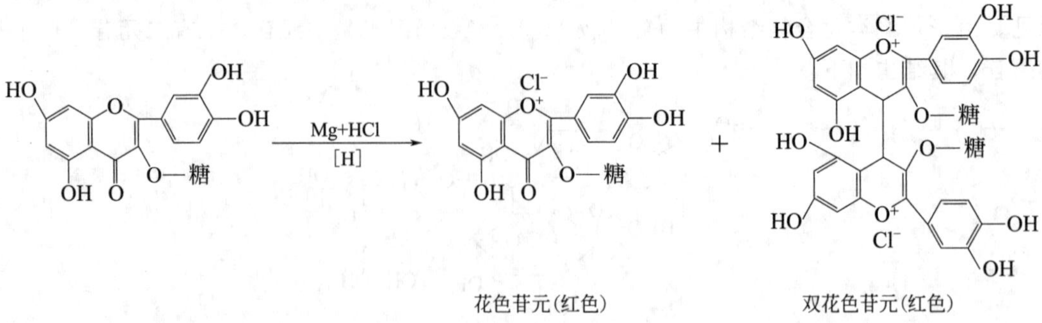

Mg+HCl [H]

花色苷元(红色)　　双花色苷元(红色)

【思考题】

1. 为什么可用碱法从槐花米中提取芦丁？

2. 怎样鉴别芦丁？

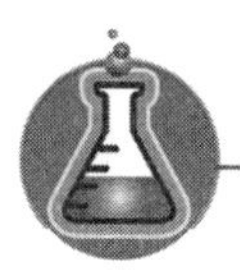

实验二十三　从女贞子中提取齐墩果酸

Extracting Oleanolic Acid from Glossy Privet Fruit

【目的与要求】

1. 学习从女贞子中提取齐墩果酸的实验方法。

2. 掌握文献检索方法，提高综合实验技能。

【基本原理】

女贞子又名冬青子，系木樨科常绿乔木。女贞子的干燥成熟果实含有女贞子酸、齐墩果酸、熊果酸等有机酸类和糖类、氨基酸、磷脂、挥发油等成分，具有抗炎、抗菌、降低血清胆固醇和抗动脉硬化、降血糖等作用，是目前抗衰老、抗肿瘤方剂中的主要药物之一。

齐墩果酸是一种三萜类化合物，是女贞子的主要活性成分之一，有较好的抗肿瘤、消炎、降血脂作用；异名土当归酸，分子式 $C_{30}H_{48}O_3$，分子量 456.71，为白色结晶，不溶于水，可溶于甲醇、乙醇、氯仿、乙醚和丙酮。结构如下所示：

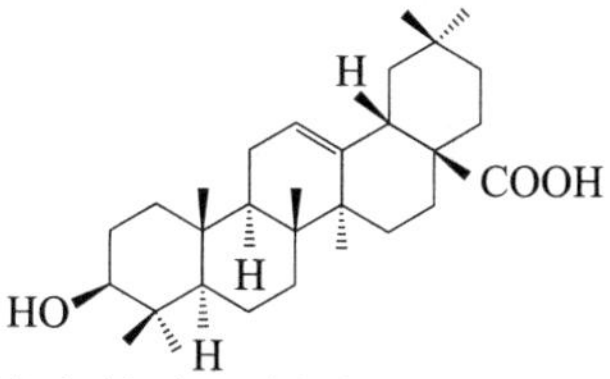

本实验取女贞子果实，用密封式粉碎机粉碎，得女贞子原料粉。用 95%乙醇在脂肪提取器中连续抽提，蒸去溶剂，浓缩得乙醇浸膏，然后分别用热水洗，乙醇溶解，氢氧化钠碱化，盐酸酸化，结晶，水洗得齐墩果酸，并用重结晶法精制。

【仪器与试剂】

仪器　圆底烧瓶（250mL），烧杯（50mL），索氏提取器，抽滤装置，试管，表面皿，电热套，台秤。

试剂　女贞子果实，活性炭，乙醇，浓盐酸，pH 试纸。

【实验步骤】

取女贞子果实，用密封式粉碎机粉碎，称取 10g 女贞子原料粉，放入装好的滤纸筒中，将开口端折叠封住，放入索氏提取器筒中。于 250mL 圆底烧瓶中放入 2 粒沸石，量取 95%乙醇 150mL，倒入圆底烧瓶约 120mL，剩余 30mL 乙醇倒入提取筒中。安装好提取装置，加热回流 2h。当提取筒中提取液颜色变得很浅时，说明大部分提取完全，完成最后一次虹吸，停止加热。减压蒸出乙醇（回收），得黏稠浸膏。

将浸膏置于小烧杯中，水浴加热除去多余的乙醇，然后加入水，继续水浴加热搅拌片刻，放冷后，用虹吸管去除水溶液，重复水洗 1～2 次，至水溶液颜色变浅为止。剩下的不溶物用乙醇溶解，加 10%NaOH 调 pH=11，加活性炭脱色，放置一会，进行抽滤，向滤液中加入盐酸酸化调 pH=1，放置待结晶析出，抽滤，水洗，得齐墩果酸粗品。

用乙醇将粗品溶解，活性炭脱色，抽滤，滤液用盐酸酸化，放置结晶重新析出，抽滤，用热水淋洗，烘干后称重。

【思考题】

1. 齐墩果酸的检测方法？
2. 女贞子的分布地区？

实验二十四　油脂的提取和油脂的性质

Extraction of Oil and Fat & Properties of Oil and Fat

【目的与要求】

1. 学习油脂提取的原理和方法，了解油脂的一般性质。
2. 掌握索氏脂肪提取器的操作。

【基本原理】

油脂是动植物细胞的重要组成成分，其含量高低是油料作物品质的重要指标。油脂是高级脂肪酸甘油酯的混合物，其种类繁多，均可溶于乙醚、苯、石油醚、二硫化碳等脂溶性有机溶剂。据此，本实验以石油醚作溶剂，在索氏提取器中进行油脂提取。在此提取过程中，除油脂外，一些脂溶性的色素、游离脂肪酸、磷脂、固醇及蜡等也一并被浸提出来，所以提取物为粗油脂。

油脂在酸或碱的存在下，或受酶的作用，易被水解成甘油与高级脂肪酸。例如：

$$\begin{array}{l} CH_2-O-\overset{\overset{O}{\|}}{C}-R \\ | \\ CH-O-\overset{\overset{O}{\|}}{C}-R' \\ | \\ CH_2-O-\overset{\overset{O}{\|}}{C}-R'' \end{array} + 3NaOH \xrightarrow{\triangle} \begin{array}{l} CH_2-OH \\ | \\ CH-OH \\ | \\ CH_2-OH \end{array} + \begin{array}{l} RCOONa \\ R'COONa \\ R''COONa \end{array}$$

高级脂肪酸的钠盐即为常用的肥皂。当加入饱和食盐水后，由于肥皂不溶于盐水而被盐析，浮于上层，甘油则溶于盐水，故可将甘油和肥皂分开。

所生成的甘油与硫酸铜的氢氧化钠溶液反应得蓝色溶液，可作为甘油的鉴定；而肥皂与无机酸作用则游离出难溶于水的高级脂肪酸。

$$RCOONa + HCl \longrightarrow RCOOH + NaCl$$

由于高级脂肪酸钙盐（钙皂）、镁盐（镁皂）等不溶于水，故常用的钠皂溶液遇钙、镁等离子后，就生成钙盐、镁盐沉淀而失效。

组成油脂的高级脂肪酸中，除硬脂酸、软脂酸等饱和脂肪酸外，还有油酸、亚油酸等不饱和脂肪酸。不同油脂的不饱和度也不同，其不饱和度可根据它们与溴或碘的加成作用进行定性或定量测定。

【仪器与试剂】

仪器　索氏提取器，普通蒸馏装置，抽滤装置，滤纸筒，台秤。

试剂　花生米[1]，花生油，氢氧化钠（7.5mol/L），硫酸铜（5%），氯化钙（10%），硫酸镁（10%），盐酸（10%），溴的四氯化碳溶液，花生油的四氯化碳溶液（10%），猪油的四氯化碳溶液（10%），饱和食盐水，石油醚（60～90℃）。

【操作步骤】

1. 油脂的提取

准确称取5g花生米，置于烘干的滤纸筒（或滤纸包）内，上面盖一层滤纸，以防样品溢出。

将洗净的索氏提取器的烧瓶烘干，冷却后，加入石油醚达容积的1/2～2/3处，把盛有样品的滤纸筒（或滤纸包）放在抽出筒内（注意：滤纸筒的上缘必须略高于抽出筒的虹吸管），安装好提取器后，在水浴上加热回流1h左右（注意：切勿用明火）。

提取完毕，撤去水浴，待石油醚冷却后，卸下提取器，取出纸筒，残渣在红外灯下烘干。

将仪器改装成蒸馏装置，在水浴上加热回收石油醚。待温度计读数下降，即停止蒸馏，烧瓶中所剩浓缩物便是粗油脂。

称量残渣质量，并计算粗油脂含量。

2. 油脂的化学性质

（1）皂化——肥皂的制备

① 皂化　取1mL花生油[2]于一大试管中，加入1.5mL 95%乙醇[3]及1mL 7.5mol/L氢氧化钠溶液，投入几粒沸石，振荡后，水浴恒温90～95℃加热（并时常取出振荡）约30min（最后检查皂化是否完全[4]）。即得花生油皂化的乙醇溶液——肥皂溶液，留作以下试验用。

② 盐析　将皂化液倒入一盛有10mL饱和食盐水的小烧杯中，边加边搅拌，这时便有一层肥皂浮于溶液表面。冷却后，进行减压过滤，滤渣即为肥皂，滤液留作鉴别甘油试验。

（2）肥皂的性质　将所制肥皂置于小烧杯后，加入15mL蒸馏水，于沸水浴中稍稍加热，并不断搅拌，使其溶解为均匀的肥皂溶液。

① 取一试管，加入1mL肥皂溶液，滴加5～10滴10%盐酸溶液，振荡。观察有何现象发生，并说明原因。

② 取二支试管，各加入1mL肥皂水溶液，再分别加入5～10滴10%氯化钙和10%硫酸镁（或氯化镁）溶液。有何现象产生？为什么？

③ 取一支试管，加入2mL蒸馏水和1～2滴花生油，充分振荡，观察乳浊液的形成。另取一试管，加入肥皂水2mL，也加1～2滴花生油，充分振荡，并观察有何现象。将两支试管静置数分钟后，比较二者稳定程度有何不同。为什么？

3. 油脂中甘油的检查

取两支干净试管，一支加入1mL上述盐析实验所得的滤液，另一支加入1mL蒸馏水作空白实验。然后，在两支试管中各加入1滴7.5mol/L氢氧化钠溶液及3滴5%硫酸铜溶液。试比较二者颜色有何区别。为什么？

4. 油脂的不饱和性

在两支干燥试管中，分别加入10滴10%花生油的四氯化碳溶液和10滴10%猪油的四氯化碳溶液。然后，分别逐滴加入溴的四氯化碳溶液，并随时加以振荡，直到溴的颜色不褪为止。记录二者所需溴的四氯化碳溶液的量，并比较它们的不饱和程度。

【注释】

［1］ 先将花生米放在100～105℃烘箱中烘烤3～4h（有硬壳的样品，需将硬壳除去再烘干）。冷却至室温，粉碎（颗粒应小于50目，可过50目筛），备用。

［2］ 也可用豆油、棉籽油、猪油、牛油或本实验的粗脂肪浓缩液。

［3］ 由于油脂不溶于碱的水溶液，故作用很慢，加入乙醇可增加油脂的溶解度，使油脂与碱形成均匀的溶液，从而加速皂化的进行。

［4］ 检查皂化是否完全的方法为：取出几滴皂化液放在试管中，加入5～6mL蒸馏水，加热振荡，如无油滴分出，则表示已皂化完全。

【思考题】

1. 如何检验油脂的皂化作用是否完全？
2. 在油脂皂化反应中，氢氧化钠起什么作用？乙醇又起什么作用？
3. 为什么肥皂能稳定油/水型乳浊液？

第四篇　有机化合物的性质实验

实验二十五　有机化合物的鉴别

The Identification of Organic Compounds

【目的与要求】

1. 加深对卤代烃、醇、醛、酮、糖、胺及氨基酸等各类化合物的化学性质的认识。

2. 掌握鉴定各类化合物的方法。

【基本原理】

1. 卤代烃的化学性质

亲核取代反应是卤代烃的主要化学性质。

在卤代烃的亲核取代反应中，由于底物的组成和结构不同，反应条件的差异及亲核试剂的亲核性强弱等因素的影响，而使其反应历程有单分子亲核取代反应（S_N1）和双分子亲核取代反应（S_N2）之分。一般来说，溶剂效应强的试剂，如 CN^-、I^-、OH^- 等作亲核试剂有利于按双分子亲核取代反应历程的进行。在许多情况下，某一反应中，这两种不同的反应历程有可能是同时发生，两者处于竞争状态。因此，在讨论卤代烃的化学性质时，只有仔细地分析反应条件以及底物和试剂的结构，才能弄清楚某一反应可能是按怎样的历程进行的，某一卤代烃在这一反应中的化学活性如何。

反应历程不同，各类卤代烃的化学活性也有不同。

在单分子亲核取代反应中，各类卤代烃的化学活性次序是：叔卤代烃>仲卤代烃>伯卤代烃。

在双分子亲核取代反应中，各种卤代烃的化学活性次序则是：伯卤代烃>仲卤代烃>叔卤代烃。

另外还有两种卤代烃化学活性次序：

$$C_6H_5CH_2X,\ RCH{=}CHCH_2X > RX > C_6H_5X,\ RCH{=}CHX$$

$$RCl < RBr < RI$$

以卤代烃与硝酸银的乙醇溶液迅速反应为例：烯丙式卤代烃 $CH_2{=}CHCH_2X$ 与苄式卤代烃 $C_6H_5{-}CH_2X$ 均能在室温下与硝酸银的乙醇溶液迅速反应生成卤化银沉淀：

$$RX + AgONO_2 \longrightarrow \underset{\text{硝酸酯}}{RONO_2} + AgX\downarrow$$

叔卤代烷与硝酸银的反应也很快；伯卤代烷及仲卤代烷须在加热时才能生成沉淀；但乙烯式卤代烃 $CH_2{=}CHX$ 及苯式卤代烃 $C_6H_5{-}X$ 即使在加热时也不发生反应。这两类卤代烃也很难发生其他的亲核取代反应。

2. 醇的化学性质

（1）醇与金属钠反应生成醇钠和氢气　醇羟基有活泼氢，能与金属作用放出氢气。

$$2ROH + 2Na \longrightarrow 2RONa + H_2\uparrow$$

（2）伯醇或仲醇可使高锰酸钾溶液褪色　伯醇或仲醇能被重铬酸钾、高锰酸钾或铬酸（CrO_3·冰醋酸）等氧化剂氧化。叔醇在同样条件下不被氧化。

（3）与卢卡斯（Lucas）试剂反应鉴别　伯、仲、叔醇与卢卡斯（Lucas）试剂（$ZnCl_2$的浓盐酸溶液）反应时，由于在浓酸和极性介质中，反应主要按 S_N1 历程进行，所以叔醇立即反应，仲醇反应缓慢，而伯醇不起反应。对于 6 个碳以下的水溶性一元醇来说，由于生成的氯代烷不溶于水，呈浑浊或分层现象，因此常用于 6 个碳以下伯、仲、叔醇的鉴别。

$$(CH_3)_3C{-}OH + HCl \xrightarrow[26℃]{ZnCl_2} (CH_3)_3C{-}Cl$$

$$CH_3{-}CH(OH){-}CH_3 + HCl \xrightarrow[\triangle]{ZnCl_2} CH_3{-}CHCl{-}CH_3$$

$$CH_3CH_2CH_2OH + HCl \xrightarrow[\text{加热 1h}]{ZnCl_2} \text{无变化}$$

（4）碳数在 10 个以下的醇与硝酸铈铵试剂作用生成琥珀色或红色配合物，可借此来鉴定 10 个碳以下的醇。

$$ROH + (NH_4)_2Ce(NO_3)_6 \longrightarrow \underset{\text{琥珀色或红色}}{(NH_4)_2Ce(OR)(NO_3)_5} + HNO_3$$

（5）邻位多羟基醇与某些二价金属氢氧化物生成类似盐的化合物，如与 $Cu(OH)_2$ 生成蓝紫色配合物。

$$\begin{matrix}CH_2{-}OH\\ CH{-}OH\\ CH_2{-}OH\end{matrix} + Cu(OH)_2 \longrightarrow \begin{matrix}CH_2{-}O\\ CH{-}O\\ CH_2{-}OH\end{matrix}\!\!>Cu + 2H_2O$$

甘油铜（深蓝色）

在浓盐酸作用下，配合物能被分解成原来的醇和铜盐。

3. 羰基化合物的化学性质

（1）醛、酮与羰基试剂反应　醛、酮同属羰基化合物，都能与羰基试剂羟胺、肼、2,4-二硝基苯肼等发生亲核反应，例如：

$$CH_3CH{=}O + NH_2NH{-}C_6H_3(NO_2)_2 \xrightarrow{-H_2O} \underset{\text{黄色}}{CH_3CH{=}NNH{-}C_6H_3(NO_2)_2}\downarrow$$

（2）醛能被一些弱氧化剂如托伦（Tollens）试剂、斐林（Fehling）试剂和希夫（Schiff）试剂等氧化成酸；能与 Tollens 试剂——硝酸银氨溶液反应生成银镜；与 Schiff 试剂结合成紫红色的化合物。

$$RCHO + 2[Ag(NH_3)_2]OH \longrightarrow RCOONH_4 + 2Ag\downarrow + 3NH_3 + H_2O$$

$$2RCHO + (HSO_2HNC_6H_5)_2C(SO_3H)\text{—}C_6H_4\text{—}\overset{+}{N}H_3\overset{-}{Cl} \xrightarrow{-H_2SO_3} (R\text{—}CH(OH)\text{—}SO_2NHC_6H_5)_2C{=}C_6H_4{=}\overset{+}{N}H_2Cl^-$$

Schiff 试剂　　　　　　　　　　紫红色

在醛与 Schiff 试剂结合成紫红色的化合物中加入无机酸时，这种紫红色的化合物发生分解，从而褪色。只有甲醛与 Schiff 试剂结合成紫红色的化合物加入无机酸时不褪色。

酮类不发生此类反应。

醛类的进一步鉴别可通过 Fehling 反应。Fehling 试剂呈深蓝色，当与脂肪醛共热时，溶液颜色依次发生蓝→绿→黄→砖红色沉淀的变化。甲醛还可能进一步将氧化亚铜还原为暗红色的金属铜。芳香醛与 Fehling 试剂无此反应，借此可与脂肪醛区别。

$$RCHO + 2Cu(OH)_2 \longrightarrow RCOOH + Cu_2O\downarrow + 2H_2O$$

(3) 与亚硫酸氢钠的加成　大多数醛、脂肪族甲基酮及 8 个碳以下的脂环酮能与亚硫酸氢钠（$NaHSO_3$）饱和溶液（40%）发生加成反应，生成 α-羟基磺酸钠白色结晶。此晶体溶于水，难溶于饱和的亚硫酸氢钠溶液，并且此反应为可逆反应，生成的 α-羟基磺酸钠与稀酸或稀 Na_2CO_3 溶液共热时，则分解为原来的醛或酮。因此，这一反应可用来区别和纯化醛、脂肪族甲基酮或碳原子数少于 8 的脂环酮。

$$\underset{H(CH_3)}{R}\overset{\delta^+}{C}{=}\overset{\delta^-}{O} + HSO_3Na \rightleftharpoons R(H/CH_3)C(OH)SO_3Na\downarrow \begin{cases}\xrightarrow{H_3O^+} R(H/CH_3)C{=}O + SO_2 \\ \xrightarrow{OH^-} R(H/CH_3)C{=}O + SO_3^{2-}\end{cases}$$

α-羟基磺酸钠

(4) 碘仿反应　羰基化合物的另一重要反应是 α-碳原子上活泼氢的反应。α-碳氢的 σ 键与碳氧 π 键发生 σ-π 共轭，因此，醛、酮 α-氢具有一定的活性，能进行 α-卤代或卤仿反应。对具有 $CH_3\overset{O}{\overset{\|}{C}}\text{—}$ 结构的羰基化合物，常用碘的碱性溶液与之反应（碘仿反应），生成具有特殊气味的黄色碘仿结晶进行鉴定。由于碘的碱液同时是氧化剂，可以使醇氧化成相应的醛、酮。因此，具有结构 $CH_3\overset{OH}{\overset{|}{C}H}\text{—}$ 的醇也能进行碘仿反应。

$$CH_3\overset{O}{\overset{\|}{C}}CH_2CH_3 \xrightarrow{I_2,\ NaOH} CH_3CH_2COONa + \underset{\text{碘仿}}{CHI_3}\downarrow$$

(5) 羟醛缩合　羟醛缩合是 α-活泼氢的另一类重要反应。稀碱与 α-氢原子结合，形成一个不稳定的碳负离子，并立即进攻加成到另一分子醛（或酮）的羰基的碳原子上（带部分正电荷），进行自身缩合或交叉缩合反应。例如，苯甲醛和丙酮的交叉羟醛缩合反应：

$$C_6H_5\text{—}CHO + CH_3COCH_3 \xrightarrow{OH^-} C_6H_5\text{—}\underset{OH}{CH}\text{—}\underset{H}{CH}COCH_3$$

苯叉丙酮

$$\xrightarrow[-H_2O]{\triangle} C_6H_5CH{=}CHCOCH_3 \xrightarrow[(2)\ -H_2O]{(1)\ C_6H_5CHO} C_6H_5CH{=}CHCOCH{=}CHC_6H_5$$

二苯叉丙酮(黄色结晶)
m. p. 110～112℃

4. 胺的化学性质

(1) 胺的碱性　胺可看成是氨分子中的一个或几个氢原子被烃基取代而得到的衍生物，胺像氨一样，其水溶液呈碱性，与酸作用生成盐。

胺的碱性强弱与和氮相连的烃基电子效应及空间位阻密切相关。几种胺的 pK_b 值见表 4-1。

表 4-1　几种胺的 pK_b（25℃）值

胺	NH_3	CH_3NH_2	$(CH_3)_2NH$	$(CH_3)_3N$	$C_6H_5NH_2$	$C_6H_5NHCH_3$	$C_6H_5N(CH_3)_2$
pK_b	4.7	3.4	3.3	4.2	9.4	9.2	8.9

(2) 兴斯堡（Hinsberg）反应　胺有伯、仲、叔之分。伯胺、仲胺、叔胺在酰化反应中，表现出不同的特点。兴斯堡（Hinsberg）反应就是利用这一特性来鉴别或分离伯胺、仲胺和叔胺的。

$$\left.\begin{array}{l} RNH_2 \\ RR'NH \\ RR'R''N \end{array}\right\} \xrightarrow[NaOH(过量)]{C_6H_5SO_2Cl} \left\{\begin{array}{l} \overset{+}{Na}[RNSO_2C_6H_5]^- \ (溶于NaOH) \\ RR'NSO_2C_6H_5\downarrow \\ RR'R''N \ (油状) \end{array}\right\} \xrightarrow[酸化]{HCl} \begin{array}{l} RNHSO_2C_6H_5 \ (白色沉淀) \\ 沉淀不变 \\ RR'R''\overset{+}{N}HCl^- \ (溶于水) \end{array}$$

(3) 与亚硝酸的反应　胺与亚硝酸的反应也随分子中取代基的种类和个数的不同而不同。脂肪伯胺遇亚硝酸，即使在0℃亦立即反应放出氮气，仲胺生成亚硝基化合物，而叔胺不起反应。芳香伯胺与亚硝酸在低温（<5℃）下反应生成重氮盐，重氮盐与 β-萘酚作用，生成橙红色沉淀染料。芳香仲胺、叔胺则发生不同的亚硝化反应。

$$C_6H_5NH_2\cdot HCl \xrightarrow[<5℃]{HNO_2} \underset{溶液}{C_6H_5N_2Cl} \xrightarrow{\beta\text{-萘酚}} \underset{橙红色沉淀}{C_6H_5N{=}N\text{-}C_{10}H_6OH}$$

$$C_6H_5NHCH_3\cdot HCl \xrightarrow[<5℃]{HNO_2} \underset{黄色油状物}{C_6H_5N(CH_3){-}N{=}O} \xrightarrow{NaOH} 无变化$$

$$(CH_3)_2N\cdot HCl\text{-}C_6H_5 \xrightarrow[<5^{\circ}C]{HNO_2} (CH_3)_2N\cdot HCl\text{-}C_6H_4\text{-}NO \xrightarrow{NaOH} (CH_3)_2N^{+}Cl^{-}{=}C_6H_4{=}N\text{—}OH$$

黄色固体　　　　绿色固体

借此可鉴别芳香伯胺、仲胺和叔胺。

5. 糖的化学性质

糖类化合物按其结构是指多羟基醛、酮以及它们的缩聚物和某些衍生物。通常分为单糖、双糖和多糖。

（1）Molisch 反应——α-萘酚试验　糖类化合物在浓硫酸作用下与酚类化合物能产生颜色反应。例如，糖与 α-萘酚在浓硫酸作用下可生成紫色环（Molisch 反应）。这是因为糖类化合物与浓硫酸作用生成的糠醛及其衍生物等，进一步与 α-萘酚缩合生成紫色缩合物（紫色环）。

$$\text{糖} \xrightarrow{\text{浓}H_2SO_4} HOH_2C\text{-}(C_4H_2O)\text{-}CHO \xrightarrow[\text{浓}H_2SO_4]{2\ \alpha\text{-萘酚 (OH)}} \text{紫色缩合物}$$

羟甲基糠醛

（产物结构式中标注：HOH_2C，C=，OH，O，HO_3S，SO_3H，OH）

单糖、双糖、多糖一般都发生此反应，但氨基糖不发生此反应。丙酮、甲酸、乳酸、草酸、葡萄糖醛酸、各种醛糖衍生物、甘油醛等均产生近似的颜色反应。因此，发生此反应说明可能有糖存在，但仍需进一步其他试验才能肯定，而不发生此反应则可确证无糖类化合物。

（2）单糖及含有半缩醛羟基的双糖的还原性　单糖及含有半缩醛羟基的双糖在水溶液中能发生互变异构现象，开链结构与环状结构具有一定的平衡。因此，具有还原性，也称为还原糖，能还原 Fehling 试剂、Benedict 试剂和 Tollens 试剂等弱氧化剂。

（3）成脎反应　糖能与过量的苯肼成脎，生成的脎具有一定的熔点和晶形，根据糖脎的晶形和熔点可鉴别某些糖。

成脎反应只在 C1 和 C2 原子上发生，只要除 C1、C2 以外的碳原子构型相同的糖，都可以形成相同的糖脎。不同的糖脎化学结构不同，晶形、熔点和溶解度也各不相同。

不同的糖尽管可以形成相同的糖脎，但它的反应速度却不同，析出糖脎的时间也不相同。因此，用糖脎反应可以区别不同的糖。

麦芽糖在溶液冷却后析出沉淀，蔗糖不能成脎，但长时间加热，蔗糖会被试剂中的酸水解，生成葡萄糖和果糖而成脎。部分糖脎的晶形见图 4-1。

图 4-1　糖脎的晶形

在本实验条件下，各种糖脎的颜色、熔点、分解温度、糖脎析出时间和比旋光度如表4-2所示。

表 4-2　部分糖的糖脎性质一览表

糖	析出糖脎所需时间/min	糖脎结晶颜色	糖脎熔点或分解温度/℃	糖脎溶液的比旋光度/(°)
果糖	5	深黄色	204	−92.0
葡萄糖	10	深黄色	204	+52.5
麦芽糖	冷后析出	黄色		+129.0
蔗糖	30(转化生成)	黄色		+66.5

（4）多糖的水解　蔗糖、淀粉、纤维素等多糖都是非还原糖，它们不能使 Fehling、Tollens 等试剂还原。但它们在酸或酶的作用下可水解为单糖，故其水解液有还原性。纤维素的水解较淀粉困难，它溶于铜氨试剂，与混酸作用能生成硝酸纤维素酯。淀粉遇碘生成蓝色，可作为淀粉的一种鉴别方法。

淀粉在酸性溶液中受热水解生成分子量比淀粉小的各种糊精，进而水解为麦芽糖、葡萄糖。其水解过程可用其与碘液作用所产生的颜色来判断。

淀粉 → 紫糊精 → 红糊精 → 无色糊精 → 麦芽糖 → 葡萄糖
（蓝色）（紫色）（红棕色）（黄色）（黄色）（黄色）
（碘液色）

最终水解产物为葡萄糖，显还原性。

6. 氨基酸和蛋白质的化学性质

氨基酸以 α-氨基酸为最常见。除甘氨酸（NH_2CH_2COOH）外，其余氨基酸都含有手性碳原子，有旋光性。

氨基酸具有氨基（$—NH_2$）和羧基（—COOH）的性质，是两性化合物，具有等电点。氨基酸是组成蛋白质的基础，它与某些试剂作用可发生不同的颜色反应。某些氨基酸（或蛋白质）的显色反应见表 4-3。

表 4-3　某些氨基酸（或蛋白质）的显色反应

反应名称	试　剂	显色	阳性反应物
茚三酮反应	茚三酮	蓝紫	所有氨基酸、肽、蛋白质
2,4-二硝基氟代苯反应	Sanger 试剂(DNFB)	黄	氨基酸、肽、蛋白质的 *N*-末端氨基
蛋白黄反应	浓硝酸	黄	苯丙氨酸、酪氨酸、色氨酸
硝普盐反应	亚硝基铁氰化钠	红	半胱氨酸(含—SH)
Millon 反应	汞-浓硝酸	红	酪氨酸
坂口反应	α-萘酚、次氯酸钠	红	精氨酸

部分显色反应的反应原理如下。

（1）硝普盐反应　含有—SH 基的化合物如半胱氨酸（$\underset{\text{SH}}{\text{CH}_2}—\underset{\text{NH}_2}{\text{CH}}\text{COOH}$）与亚硝基铁氰化钠反应生成紫红色物质。胱氨酸被氰化钾（KCN）还原成半胱氨酸后，也有此反应，反应式如下：

$$[Fe(CN)_5NO]^{2-} + SH^- \longrightarrow [Fe(CN)_5NOSH]^{3-}$$

$$[Fe(CN)_5NOSH]^{3-} \xrightarrow{OH^-} [Fe(CN)_5NOS]^{4-} + H_2O$$

（2）坂口反应　精氨酸与 α-萘酚在碱性次氯酸钠或次溴酸钠溶液中发生颜色反应，生成红色产物，反应极为灵敏，反应式如下：

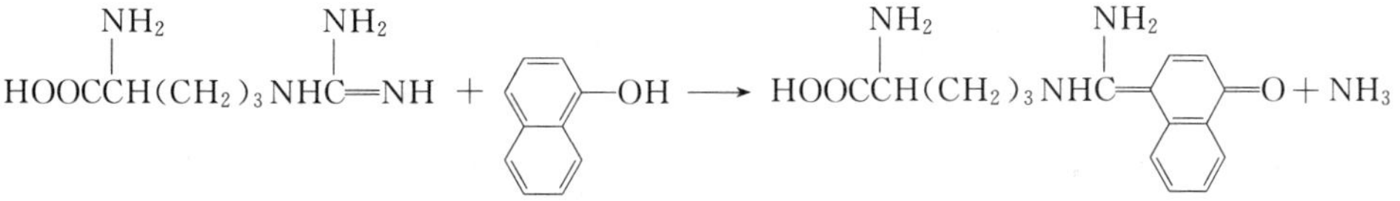

$$HOOCCH(NH_2)(CH_2)_3NHC(NH_2){=}NH + \alpha\text{-萘酚(—OH)} \longrightarrow HOOCCH(NH_2)(CH_2)_3NHC(NH_2){=}\text{(萘醌)}{=}O + NH_3$$

红色固体

生成的 NH_3 可被次溴酸钠氧化生成氮气。

$$2NH_3 \xrightarrow[3NaOBr]{} N_2 + 3NaBr + 3H_2O$$

在次溴酸钠缓慢作用下，醌式结构发生变化，引起颜色的消失，因此过量的次溴酸钠对反应不利。加入尿素可破坏过量次溴酸钠，增加颜色的稳定度。酪氨酸、组氨酸、色氨酸也能减低产生颜色的强度，甚至阻止颜色的形成。此反应可以用来定性和定量鉴定含有精氨酸的蛋白质。

(3) 茚三酮反应　氨基酸（除脯氨酸和羟脯氨酸外）和蛋白质都能与茚三酮发生反应，呈紫红色。反应十分灵敏，在 pH＝5～7 的溶液中进行为宜，最终形成蓝紫色化合物，反应分下面两个步骤进行。

第一步　氨基酸被氧化成 CO_2、NH_3 和醛，茚三酮被还原成还原型茚三酮。

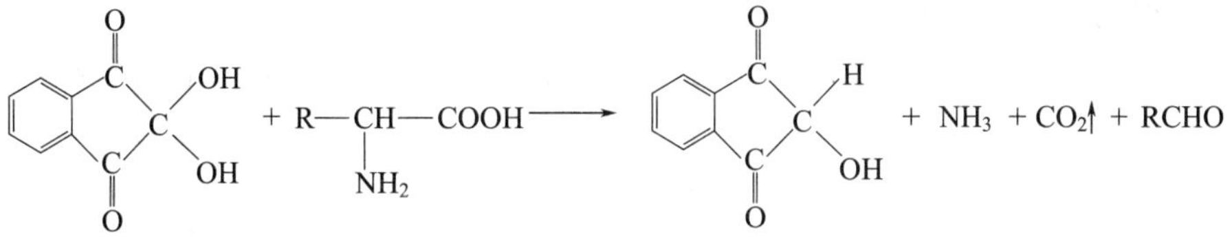

$$\text{水合茚三酮} + R—CH(NH_2)—COOH \longrightarrow \text{还原茚三酮} + NH_3 + CO_2\uparrow + RCHO$$

水合茚三酮　　　还原茚三酮

第二步　还原茚三酮同另一个茚三酮分子以及 NH_3 缩合生成有色物质。

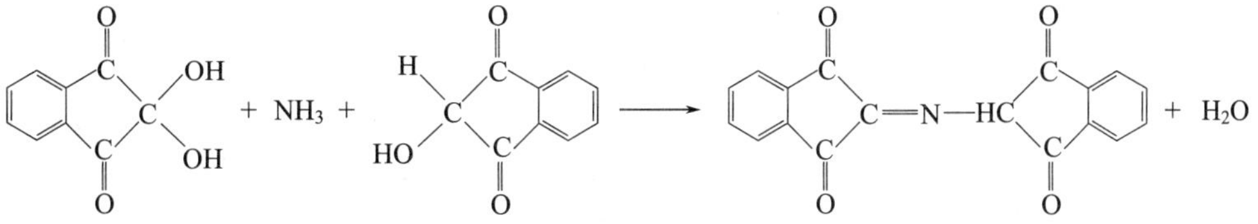

$$\text{水合茚三酮} + NH_3 + \text{还原茚三酮} \longrightarrow \text{(茚二酮)}C{=}N—HC\text{(茚二酮)} + H_2O$$

蓝色化合物

除蛋白质、多肽、各种氨基酸具有茚三酮反应外，氨和许多伯胺化合物都能发生此反应。马尿酸、尿素、二酮吡嗪的肽键上的亚氨基不发生此反应。

(4) 缩二脲反应　将尿素加热到稍高于它的熔点时，则发生双分子缩合，两分子尿素脱去一分子氨而生成缩二脲。

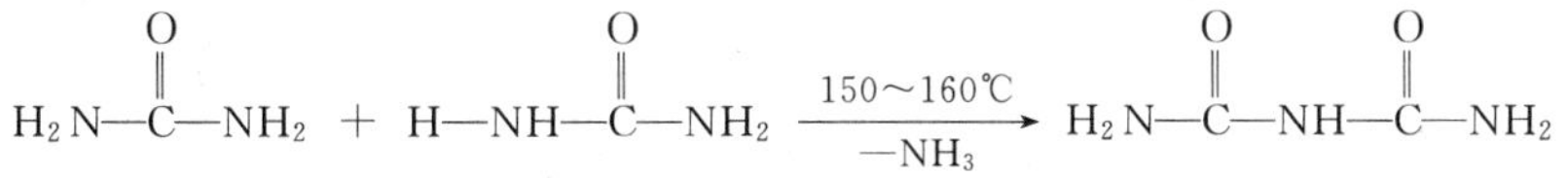

$$H_2N—\overset{O}{\overset{\|}{C}}—NH_2 + H—NH—\overset{O}{\overset{\|}{C}}—NH_2 \xrightarrow[-NH_3]{150\sim160℃} H_2N—\overset{O}{\overset{\|}{C}}—NH—\overset{O}{\overset{\|}{C}}—NH_2$$

缩二脲

缩二脲在碱性溶液中与少量的硫酸铜溶液作用，即显紫红色，这个颜色反应叫缩二脲反应。

凡分子中含有两个或两个以上酰胺键（又称肽键，$—\overset{O}{\overset{\|}{C}}—\overset{H}{\overset{|}{N}}—$）的化合物如多肽、蛋白质等都能发生这个颜色反应，而氨基酸则无此反应。

【仪器与试剂】

仪器　试管，试管夹，长滴管，量筒，药匙，pH 试纸，棉花团，点滴板，温度计。

试剂　1-氯丁烷，2-氯丁烷，叔丁基氯，氯苯，苄氯，乙醇（95%），无水乙醇，苄醇，正庚醇，正丁醇，仲丁醇，叔丁醇，乙二醇（10%），1,3-丙二醇（10%），甘油（10%），1%苯酚，对苯二酚（1%），三氯化铁（1%），金属钠，甲醛，乙醛，苯甲醛，正丁醛，丙酮，苯乙酮，苯胺，*N*-甲基苯胺，*N*,*N*-二甲基苯胺，葡萄糖（5%），蔗糖（5%），果糖（5%），麦芽糖（5%），淀粉（1%），少许滤纸屑，半胱氨酸（0.3%），精氨酸（0.3%），丙氨酸溶液（0.1%），硝酸银乙醇溶液（1%），碘化钠丙酮溶液（15%），Lucas 试剂，$CuSO_4$(5%)，硝酸铈铵试剂，浓盐酸，HCl(5%)，Na_2CO_3(5%)，$KMnO_4$(0.5%)，2,4-二硝基苯肼，Fehling 试剂Ⅰ，Fehling 试剂Ⅱ，Schiff 试剂，$AgNO_3$(0.2mol/L)，$NH_3 \cdot H_2O$(2mol/L)，浓硫酸，碘液，NaOH(2.5mol/L)，固体 $NaNO_2$，苯磺酰氯，*β*-萘酚的 NaOH 溶液，碘化钾-淀粉试纸，亚硝基铁氰化钠（5%），*α*-萘酚酒精溶液（1%），苯肼试剂（新配制），次溴酸钠溶液，固体脲，茚三酮酒精溶液（0.25%），鸡蛋清溶液，冰，固体 NaCl。

【实验步骤】

（一）卤代烃的性质

1. 卤代烃与硝酸银乙醇溶液的反应

取 5 支干燥洁净的试管，分别加 3 滴 1-氯丁烷、2-氯丁烷、叔丁基氯、氯苯和苄氯。然后，在每支试管里各加 1mL 1%硝酸银乙醇溶液，边加边摇动试管，注意每支试管里是否有沉淀出现，记下出现沉淀的时间。大约过 5min 后，再把没有出现沉淀的试管放在水浴里加热至微沸，观察这些试管里有没有沉淀出现并记下出现沉淀的时间。如何解释本实验所发生的现象？

2. 卤代烃与碘化钠丙酮溶液反应

取 5 支干燥洁净的试管，分别加 3 滴 1-氯丁烷、2-氯丁烷、叔丁基氯、氯苯和苄氯。然后，在每支试管中各加 1mL 15%碘化钠丙酮溶液，边加边摇动试管，同时注意观察每支试管里的变化，记下产生沉淀的时间，大约 5min 后，再把没有出现沉淀的试管放在 50℃水浴里加热（注意：水浴温度不要超过 50℃，以免影响实验结果），加热 6min 后，将试管取出并冷却到室温。从加热到冷却都要注意观察试管里的变化并记下产生沉淀的时间。有没有沉淀产生能说明什么问题？请从结构和反应历程上简单地予以解释。

（二）醇和酚的化学性质

1. 醇钠的生成与水解

在一干燥试管中加入 1mL 无水乙醇，投入一米粒大小的用滤纸擦干的金属钠，观察有何现象产生。待金属钠全部作用以后（若金属钠未作用完，加适量乙醇使其分解），于试管中加入 4mL 水混合，用 pH 试纸试验溶液酸碱性。

2. 醇的氧化反应

取 3 支试管，各加入 5 滴 0.5% $KMnO_4$ 溶液和 5 滴 5% Na_2CO_3 溶液，然后分别加入 5 滴正丁醇、仲丁醇、叔丁醇，摇动试管，观察溶液颜色有何变化。

3. Lucas 试验

取 3 支干燥试管，分别加入 0.5mL 正丁醇、仲丁醇、叔丁醇，然后各加入 1mL Lucas 试剂，用棉花团塞住试管口，摇动后静置。溶液立即出现浑浊，静置后分层者为叔丁醇。如不见浑浊则在水浴中温热数分钟，振荡后静置，溶液慢慢出现浑浊，最后分层者为仲丁醇，不起作用者为正丁醇。

4. 硝酸铈铵试验

取 4 支试管，分别加入 5 滴无水乙醇、10%甘油、苄醇和正庚醇，然后各加 2 滴硝酸铈铵试剂，摇动试管，观察溶液颜色及状态变化。

5. 多元醇与 $Cu(OH)_2$ 作用

取 3 支试管，分别加入 3 滴 5% $CuSO_4$ 溶液和 3 滴 2.5mol/L NaOH 溶液，然后分别加入 5 滴 10%乙二醇、10% 1,3-丙二醇和 10%甘油水溶液，摇动试管，有何现象？再在每支试管中加一滴浓盐酸，观察溶液颜色有何变化。说明什么？

6. 三氯化铁试验

取 2 支试管，分别加入 0.5mL 1%苯酚水溶液和 0.5mL 1%对苯二酚水溶液，再分别加入 1%三氯化铁水溶液 1～2 滴，观察颜色变化情况。

（三）醛和酮的化学性质

1. 2,4-二硝基苯肼试验

取 3 支试管，各加入 1mL 2,4-二硝基苯肼试剂，然后分别加入 2 滴乙醛水溶液、丙酮及苯乙酮。振荡后静置片刻。若无沉淀生成，可微热半分钟再振荡，冷却后有橙黄色或橙红色沉淀生成。

2. Tollens 试验

取一支洁净的试管，加入 2mL 0.2mol/L $AgNO_3$ 溶液和 0.5mL 2.5mol/L NaOH 溶液，试管里立即有棕黑色的沉淀出现，振荡使反应完全。然后边振荡边滴加 2mol/L 氨水，直至生成的沉淀恰好溶解（不宜加多，否则影响试验的灵敏度），即得 Tollens 试剂[1]。

将此溶液均分于 3 支洁净试管中，编号后分别加入 2 滴乙醛、丙酮、苯甲醛（勿摇动）。置于温水浴中加热 2～3min，观察现象，有银镜出现者为醛类化合物。

3. Schiff 试验

取 3 支试管，各加入 1mL Schiff 试剂，再分别加 2 滴丙酮、甲醛、乙醛。放置数分钟，观察其颜色变化。然后各加 4 滴浓硫酸，溶液颜色有何变化？

4. Fehling 试验

取 4 支试管，编号。各加入 0.5mL Fehling 试剂Ⅰ和 0.5mL Fehling 试剂Ⅱ溶液，混合均匀后，分别加 3 滴甲醛、乙醛、丙酮、苯甲醛。在沸水中加热数分钟，若有砖红色沉淀（Cu_2O）生成，表明试样为脂肪醛类化合物。

5. 碘仿试验

取 3 支试管，分别加入 3 滴正丁醛、丙酮、乙醇，再各加 0.5mL 2.5mol/L NaOH。然后边振荡边滴加碘溶液，直到溶液中刚有碘存在（溶液呈红棕色）为止。观察有无黄色碘仿晶体析出。若没有黄色碘仿晶体析出，则将试管放入 60℃的温水浴中，再滴加碘液至有晶体析出，或刚产生的碘的棕色不再褪色（约 2min）为止。有黄色晶体产生的为丙酮、乙醇。随后，嗅碘仿的特殊气味。

6. 苯甲醛和丙酮的交叉羟醛缩合反应

取一大试管，加入 5 滴苯甲醛、2mL 95%乙醇和 1mL 2.5mol/L NaOH，振荡得一澄清溶液。然后加入 1 滴丙酮，振荡后，放置几分钟，观察溶液颜色的变化和晶体的析出。记录现象并解释之。

(四) 胺的化学性质

1. 碱性试验

取一支试管，加1滴苯胺和0.5mL水，摇动试管。观察苯胺是否溶解。然后滴加1～2滴浓盐酸，摇动试管，又有何现象？这说明什么？

2. Hinsberg试验

取3支试管，编号。分别加入3～4滴苯胺、*N*-甲基苯胺、*N*,*N*-二甲基苯胺，再加入3mL 2.5mol/L NaOH及4～5滴苯磺酰氯。塞住试管口剧烈振荡，并在水浴中加热1～2min[2]，有何现象？待溶液冷却后，根据下列现象可判别芳香伯、仲、叔胺。

若溶液中无沉淀析出，且用5% HCl酸化[3]至酸性后出现沉淀者为苯胺（伯胺）。

若溶液中析出油状物和沉淀，且用5% HCl酸化后亦不溶解者为*N*-甲基苯胺（仲胺）。

若溶液中仍有油状物，加浓盐酸酸化后即溶解者为*N*,*N*-二甲基苯胺（叔胺）。

3. 亚硝酸试验

取3支试管，分别滴入苯胺、*N*-甲基苯胺、*N*,*N*-二甲基苯胺各6滴，1mL浓盐酸，2mL水，用冰水浴冷却至0℃。另取约0.3g $NaNO_2$溶解于2mL水中，慢慢滴入上述三种样品中，并不断振摇，直至混合液遇碘化钾-淀粉试纸呈深蓝色为止[4]。按下列现象判别伯、仲、叔胺。

若溶液中无固体产生，则在此溶液中加入数滴*β*-萘酚的NaOH溶液，析出橙红色沉淀者为苯胺（伯胺）。

溶液中有黄色固体或油状物析出，加2.5mol/L NaOH至碱性，不变色者为*N*-甲基苯胺（仲胺）。

溶液中有黄色（有时可能为橙红色）固体析出，加2.5mol/L NaOH溶液至碱性时，转为绿色固体者为*N*,*N*-二甲基苯胺（叔胺）。

(五) 糖的化学性质

1. Molisch反应——*α*-萘酚试验

取4支试管，编号。分别加1mL 5%葡萄糖、5%蔗糖、1%淀粉、少许滤纸屑（加1mL H_2O），各滴入2滴10% *α*-萘酚酒精溶液，混合均匀后将试管倾斜45°，沿管壁再慢慢加入1mL浓H_2SO_4（切勿摇动），小心竖直试管，硫酸与糖溶液之间分为两层（下层为浓硫酸），静置10～15min，观察两液面之间是否有色环出现。如无色环出现，可将试管在热水浴中温热3～5min，切勿摇动！观察、记录各试管所出现色环的颜色。

2. Fehling试验

取4支试管，编号。分别加Fehling试剂Ⅰ和Fehling试剂Ⅱ试剂各0.5mL，混合均匀后于水浴中微热，分别加入2滴5%的葡萄糖、果糖、蔗糖、麦芽糖溶液，振荡后于热水浴中加热。观察颜色的变化及沉淀的生成，说明了什么？

3. Tollens试验

取一支洁净的试管，加入2mL 0.2mol/L $AgNO_3$溶液和0.5mL 2.5mol/L NaOH溶液。试管里立即有棕黑色的沉淀出现，振荡使反应完全。然后边振荡边滴加2mol/L氨水至生成的沉淀刚好全部溶解，即得Tollens试剂。

将此溶液均匀分置于4支洁净的试管中，分别加入1～2滴5%的葡萄糖、果糖、麦芽糖、蔗糖溶液，将各试管摇动均匀后，在室温下静置5～10min。如没有银镜形成，可将试管放入60℃左右水浴2～3min（加热时间不可太久），观察有无银镜出现。

4. 成脎反应

取 4 支试管，分别加入 1mL 5%的葡萄糖、蔗糖、果糖、麦芽糖和 1mL 新配制的苯肼试剂，摇匀后取少量棉花塞住试管口（苯肼有毒，避免逸入空气中），同时放入沸水浴中加热。记录各试管中黄色晶体析出的时间。30min 后将全部试管取出，自然冷却。用长滴管取少量晶体于载玻片上，再置于显微镜下观察其结晶形状。

5. 淀粉水解

在一试管中加入 1%淀粉溶液 5mL 和浓盐酸 6 滴，摇匀。于沸水浴中加热，每隔 2～5min 取出 1 滴淀粉水解液于点滴板上，加 1 滴 0.1%碘溶液，注意观察其颜色变化，至不变色后继续煮沸 5min，冷却后用 10% NaOH 溶液中和至弱碱性，取 1mL 淀粉水解液于试管中，另取一支试管，加入 1mL 未水解的 1%淀粉溶液，在这两支试管中分别加入 4 滴 Fehling 试剂（Ⅰ、Ⅱ等体积混合液），摇匀后，同时放入沸水浴中加热 2～3min，观察并记录现象。结果说明什么问题？

（六）氨基酸及蛋白质的性质

1. 硝普盐反应

取一块点滴板，加入 1 滴 0.3%半胱氨酸溶液，1 滴 2.5 mol/L 氢氧化钠溶液和 2 滴 5%亚硝基铁氰化钠溶液（有毒），观察紫红色的出现（该颜色容易消褪）。

2. 坂口反应

取一支试管，加入 1mL 0.3%精氨酸溶液，然后依次加入 5 滴 2.5mol/L 氢氧化钠溶液，2 滴 1% *α*-萘酚酒精溶液，3 滴次溴酸钠溶液（不可过量），观察有何现象发生。

3. 茚三酮反应

（1）取一张小滤纸片[5]，滴加 1 滴 0.1%丙氨酸溶液，风干后，加 1 滴 0.25%茚三酮酒精溶液，在小火上烘干，观察有何变化。

（2）取 2 支试管，分别加入 4 滴 0.1%丙氨酸和 0.3%半胱氨酸，再各加 2 滴 0.25%茚三酮酒精溶液，混合均匀后，放在水浴中加热 1～2min，观察有何现象发生。

4. 缩二脲反应

取 2 支试管，分别加入 1mL 0.1%丙氨酸溶液及鸡蛋清溶液，然后在这两支试管中分别滴加 0.5mL 2.5mol/L NaOH 溶液和 0.5mL 5% $CuSO_4$ 水溶液，振摇后观察这两支试管中溶液颜色的变化。

【注释】

［1］ Tollens 试剂久置会形成爆炸性沉淀，所以必须在使用时临时配制。试验完毕，银镜可加入少量硝酸，洗涤回收。

做银镜反应的试管必须十分洁净。可用铬酸洗液或硝酸洗涤，再用蒸馏水冲洗干净，如果试管不洁净或反应太快，就不能生成银镜，而是析出黑色的银沉淀。

［2］ 某些芳胺如 *N*,*N*-二甲基苯胺和苯磺酰氯一同加热时，会生成蓝紫色染料，加酸也难溶解。因此，加热温度不能太高，时间不能太长。

［3］ 加盐酸酸化时，溶液要充分冷却，并不断振荡，否则开始析出油状物，然后凝结成一块固体。

［4］ 用碘化钾-淀粉试纸检查重氮化反应的终点时，用玻璃棒蘸一点反应液，与试纸接触，观察接触处是否立即出现淡紫色。

[5] 手指印含有一定的氨基酸，在本实验中足以检出，因此不能用手触摸滤纸。

【思考题】

1. Lucas 试验中，水多了行不行？为什么？氯化锌在试验中起什么作用？

2. Tollens 试验和 Fehling 试验的反应为什么不能在酸性溶液中进行？

3. 醋酸分子式含有结构 $CH_3\overset{\overset{\displaystyle O}{\|}}{C}—$ ，能发生碘仿反应吗？

4. 写出苯甲醛与丙酮交叉缩合的反应历程，你能否设计一实验步骤让反应停留在苯叉丙酮一步？

5. 为什么兴斯堡反应中苯磺酰氯不能过量太多也不能太少？

6. 在亚硝酸试验中，既然加盐酸是为了产生亚硝酸，那么，实验中为什么先与胺加在一起而不先与亚硝酸钠加在一起？

7. 葡萄糖与果糖的糖脎晶形是否相同？为什么？

8. 为什么有的双糖具有还原性，有的却没有还原性？如何用实验方法鉴别之？

9. 为什么糖类化合物有旋光性？是否有旋光性的物质都是糖类化合物或糖的衍生物？举例说明。

10. 设计鉴别下列化合物的方案，并说明理由。

葡萄糖、果糖、麦芽糖、蔗糖、淀粉。

11. 氨基酸与茚三酮的反应机理是什么？

12. 氨基酸有缩二脲反应吗？为什么？

实验二十六　有机化合物元素定性分析

Elements Qualitative Analysis of Organic Compounds

【目的与要求】

1. 学习有机化合物元素定性分析的原理和意义。

2. 掌握有机化合物中常见元素定性鉴定的方法。

【基本原理】

鉴定有机化合物中所含的元素，这项工作不仅为进一步鉴定有机未知物提供线索，而且还是进行有机化合物元素定量分析的准备阶段。

一般有机化合物除含碳、氢外，还含有氧、氮、硫、卤素等，有的也含有少量其他元素，如砷、硅、磷、镁等。

由于一般有机化合物都含有碳和氢，因此已知分析的样品是有机物后，就不必鉴定其中是否含碳和氢。化合物中氧的鉴定，还没有很好的办法，通常只能通过官能团鉴定反应或根据定量分析结果，即从100%中减去其他元素百分组成之和，其差就是氧的百分含量。

由于在有机化合物的分子中原子大多数以共价键结合，因此不能用无机定性的方法对元素进行直接测定，为此需要将样品分解，使其转变成无机离子型化合物，再利用无机定性分析进行鉴定。分解样品的方法：①氧化；②与碱金属（钠或钾）熔融。最常用的方法是钠熔法，即将有机物与金属钠混合共熔，结果有机物中的氮、硫、卤素等元素转变为氰化钠、硫化钠、硫氰化钠、卤化钠等可溶于水的无机化合物。

$$\text{有机物（含 C, H, O, N, S, X）} \xrightarrow{\text{钠熔}} Na_2S, NaCN, NaCNS, NaX, NaOH$$

有机化合物中的卤素还可用拜耳斯坦焰色反应来鉴定。该法是用蘸有试样的铜丝圈在火焰中灼烧，卤元素能与铜结合成铜盐，在高温下挥发，其蒸气可使火焰呈美丽的绿色。

【仪器与试剂】

仪器　干燥小试管，试管，烧杯，镊子，小刀，玻璃漏斗，漏斗架，酒精灯，小铜丝圈。

试剂　金属钠，10%醋酸溶液，2%醋酸铅溶液，5%硫酸亚铁溶液，3mol/L 硫酸，5%三氯化铁溶液，10%硝酸，5%硝酸银溶液，0.5%亚硝酰铁氰化钠溶液，10%盐酸，四氯化碳，新配制氯水，浓硫酸，过硫酸钠。

【实验步骤】

1. 钠熔法——样品溶液的制备

取干燥的硬质小试管一支，加入一粒绿豆大小的金属钠[1]，用小火加热至钠熔化而且有白色蒸气上升至 0.5cm 时，迅速加入 3 滴液体样品或 10～20mg 固体样品，加入时勿使样品沾在试管壁上，应使它直落管底，此时样品与金属钠发生猛烈作用，冒出大量的烟，甚至放出火花（并无危险）。等反应稍缓后，继续用小火加热，至试管内物质炭化，再用强火加热至试管底部发红，趁热将试管底部浸入盛有约 10mL 蒸馏水的小烧杯内，试管底当即破裂。如不破裂，可稍稍用力将底部压碎，用玻璃棒捣碎大块残渣，加热至沸，过滤，滤渣用蒸馏水洗涤 2 次，共得无色或淡黄色的清亮滤液约 20mL[2]，留作元素定性鉴定用。

2. 元素的鉴定

（1）硫的鉴定　可用两种方法鉴定硫的存在。

① 硫化铅试验　取 1mL 滤液，加 10%醋酸溶液使呈酸性（用石蕊试纸试验），然后加 3 滴 2%醋酸铅，如有黑褐色沉淀，表明有硫存在；若有白色或灰色沉淀生成，是碱式醋酸铅，表明酸化不够，须加入醋酸后观察。

$$Na_2S + Pb(OAc)_2 \longrightarrow PbS\downarrow + 2NaOAc$$

② 亚硝酰铁氰化钠试验　取 1mL 滤液，加入 2～3 滴新配制的 0.5%亚硝酰铁氰化钠溶液（使用前临时取 1 小粒亚硝酰铁氰化钠溶于数滴水中），如呈紫红色或深红色表明有硫。

$$Na_2S + Na_2[Fe(CN)_5NO] \longrightarrow Na_4[Fe(CN)_5NOS]$$

（2）氮的鉴定　样品中若有氮，则样品溶液中含有 NaCN，它可以通过一系列反应生成蓝色普鲁士蓝沉淀。取 2mL 滤液，加入 4～5 滴 10%氢氧化钠溶液（调节溶液的 pH 等于 13），加入 5 滴新配制的 5%硫酸亚铁溶液，摇匀并加热至沸 1～2min，溶液中如含有硫时，有黑色硫化亚铁沉淀析出（不必过滤）。冷却后加入 3mol/L 硫酸 1 滴，使产生的硫化亚铁、氢氧化铁的沉淀刚好溶解（勿加入过量的硫酸），如有蓝色沉淀或溶液呈蓝色都表明氮的存在。若样品分解不完全，CN^- 太少，则溶液仅显浅蓝色或绿色，本试验反应式如下：

$$2NaCN + FeSO_4 \longrightarrow Fe(CN)_2 + Na_2SO_4$$

$$Fe(CN)_2 + 4NaCN \longrightarrow Na_4[Fe(CN)_6]$$

$$3Na_4[Fe(CN)_6] + 2Fe_2(SO_4)_3 \xrightarrow{H^+} Fe_4[Fe(CN)_6]_3 \downarrow + 6Na_2SO_4$$

(3) 硫和氮同时鉴定　取 1mL 滤液用稀盐酸酸化，再加入 1 滴 5% $FeCl_3$ 溶液，若有血红色显现，即表明有硫氰离子（CNS^-）存在。反应式如下：

$$3NaCNS + FeCl_3 \longrightarrow Fe(CNS)_3 + 3NaCl$$

有时检验硫和氮都得到阳性结果，而本试验却为阴性，这是因为 NaCNS 被过量的金属钠分解为 Na_2S 和 NaCN 所致。反之，在金属钠较少时，容易产生 NaCNS，因此在分别鉴定硫和氮时，若得到负结果，则必须做本实验。

(4) 卤素的鉴定

① 卤化银试验　取 0.5mL 滤液，加入稀硝酸使呈酸性，加热微沸几分钟以赶去可能存在的 HCN 和 H_2S（如氮、硫不存在，可不必加热）。放冷，加 5%硝酸银溶液 5 滴，如有大量白色或黄色沉淀，表明有卤素存在，若仅仅出现混浊，则可能是试剂含有杂质的缘故。

$$NaX + AgNO_3 \longrightarrow AgX \downarrow + NaNO_3$$

滤液中硫化物与氰化物若不先除去，后来加入硝酸银析出沉淀时，难以判断是否是卤化银，因为 Ag_2S 沉淀呈灰黑色，AgCN 沉淀为白色。

② 拜尔斯坦（Beilstein）焰色检卤法　把铜丝一端弯成圆圈形，先在火焰上灼烧，直至火焰不显绿色为止。冷却后，在铜丝圈上蘸少量样品，放在火焰边缘上灼烧，若有绿色火焰出现，证明可能有卤素存在。但此法太灵敏，极少量的不洁物就可能造成错误的判断。

(5) 氯、溴、碘的分别鉴定

① 溴和碘的鉴定　取 2mL 滤液，加稀硝酸使呈酸性，加热煮沸几分钟（在通风橱中进行，如无硫、氮，则可免去此步）。冷却后加入 0.5mL 四氯化碳，逐渐加入新配制的氯水。每次加入氯水后要摇动，若有碘存在，则四氯化碳层呈现紫色。继续滴加入氯水[3]，如含有溴，则紫色渐褪而转变为黄色或橙黄色。反应方程式如下：

$$2H^+ + ClO^- + 2I^- \longrightarrow I_2(CCl_4) + Cl^- + H_2O$$

$$I_2(CCl_4) + 5ClO^- + H_2O \longrightarrow 2IO_3^- + 5Cl^- + 2H^+$$

$$2Br^- + ClO^- + 2H^+ \longrightarrow Br_2(CCl_4) + Cl^- + H_2O$$

② 氯的鉴定　在上述滤液中，加入 2mL 浓硫酸及 0.5g 过硫酸钠煮沸数分钟，把 NaBr 或 NaI 氧化成溴或碘，再用 CCl_4 萃取，将溴和碘全部除去，然后取清液做硝酸银的氯离子的检验。

【注释】

[1]　用钳子夹出浸在煤油中的金属钠，用滤纸拭干表面的煤油，切去黄色外皮呈金属光泽后使用，要注意钠屑不能丢在桌面或丢入水槽或废物缸中，应放到回收瓶中。

[2]　滤液若混浊，表示样品分解不彻底，其原因为钠的用量不够，或样品太多，或因样品粘附在试管上而未完全作用。

[3]　溴、碘共存且碘较多时，溴不易检出。此时可用滴管吸去含碘的四氯化碳溶液，再加入纯净的四氯化碳振荡，如仍有碘的紫色，再吸去，直至碘完全被萃取。然后再加纯净的四氯化碳数滴，并逐渐滴加氯水，如四氯化碳层变成黄色或红棕色，表明有溴。

【思考题】

1. 钠熔法的作用何在？使用和保存金属钠时应注意什么？

2. 在进行卤素鉴定时，加入硝酸银前，为什么需先酸化并加热？

实验二十七　醇、酚、醛和酮的化学性质

Chemical Properties of Alcohol, Phenols, Aldehyde and Ketone

【目的与要求】

1. 加深对醇、酚、醛、酮化学性质的理解。

2. 比较醇与酚、醛和酮之间化学性质的异同点，加深对分子中原子之间相互影响的理解。

3. 掌握醇、酚、醛、酮的分子结构与其化学性质的关系。

【基本原理】

低级醇易溶于水，随着烃基的增大，水溶性逐渐降低。多元醇由于分子中烃基增多，水溶性增大，而且由于羟基之间的相互影响，羟基中氢具有一定程度的酸性，可与某些金属氢氧化物发生类似中和作用的反应，生成类似盐类的产物。例如，甘油和氢氧化铜作用产生甘油铜。

醇羟基中的氢原子不能游离，但易被活泼金属取代而生成醇盐。

伯醇可被氧化生成醛，进一步氧化则可生成羧酸。仲醇可被氧化生成酮。叔醇在相似条件下不易被氧化。

酚羟基中的氢原子能部分电离为氢离子，因此酚具有弱酸性。又由于 p-π 共轭效应的影响，使苯环上处于羟基邻位或对位上的氢原子更加活泼，容易被取代。

酚类很容易被氧化。苯酚氧化生成对苯醌，对苯二酚则氧化为对苯醌。

酚类或含有酚羟基的化合物，大部分均能与三氯化铁发生各种特有的颜色反应，但具有烯醇结构的化合物也有这个反应。

醛和酮分子中都含有羰基，因而具有许多相同的化学性质，但由于羰基所连的基团不同，又使醛和酮具有一些不同的性质，如醛能被弱氧化剂托伦试剂和斐林试剂氧化，能与希夫试剂产生颜色反应等，而酮则不能，借此可区别醛和酮。甲醛与希夫试剂所产生的颜色加硫酸后不消失，而其他醛所产生的颜色加硫酸后则褪去，因此该试剂也可将甲醛与其他醛区分开。乙醛、甲基酮（CH_3COR）、乙醇及具有 $CH_3CH(OH)R$ 结构的醇均可发生碘仿反应。

有些醛、酮还可表现出某些特殊的反应，例如，丙酮在碱性溶液中能与亚硝酰铁氰化钠发生颜色反应，此反应用作检验丙酮的存在。

【仪器与试剂】

仪器　镊子，小刀，试管，试管夹，石棉网，烧杯，酒精灯。

试剂　无水乙醇，异戊醇，甘油，乙二醇，异丙醇，叔丁醇，正丁醇，仲丁醇，0.5% $KMnO_4$，0.5% NaOH，卢卡斯试剂，2% $CuSO_4$，金属钠，酚酞溶液，3mol/L 硫酸，苯酚（固），5% $NaHCO_3$，1%苯酚，1% α-萘酚，1%间苯二酚，1% $FeCl_3$，饱和溴水，5%碳酸氢钠溶液，1%碘化钾溶液，40%甲醛，乙醛，苯甲醛，丙酮，苯乙酮，乙醇，异丙醇，2,4-二硝基苯肼，饱和亚硫酸氢钠溶液，碘试剂，5%氢氧化钠溶液，2%硝酸银溶液，2%氨水，品红亚硫酸试剂，斐林试剂Ⅰ和斐林试剂Ⅱ。

【实验步骤】

1. 醇的性质

（1）醇的溶解度　取4支试管分别加入6滴乙醇、异戊醇、甘油、乙二醇，并分别沿管壁加入25滴水，振荡各试管后静置，观察有何现象发生，并解释原因。

（2）醇的氧化　取3支试管，各加入0.5% $KMnO_4$ 溶液3滴、0.5% NaOH溶液1滴，然后在此3支试管中，依次分别加入2滴乙醇、异丙醇、叔丁醇，将混合液摇匀，观察各试管颜色有何变化。

（3）卢卡斯实验　在3支干燥的试管中各加入20滴卢卡斯试剂，然后在各试管中分别加入3～5滴正丁醇、仲丁醇、叔丁醇，振荡，记录各试管出现浑浊或分层的时间。

（4）多元醇的酸性　取2支试管，各加入2%硫酸铜溶液6滴及5%氢氧化钠溶液8滴，使氢氧化铜完全沉淀，在振荡下分别加入2滴甘油和95%的乙醇，观察结果，并加以比较。

（5）醇钠的生成　在1支干燥试管中加入1mL无水乙醇，并投入一小块（绿豆大小）刚刚切开的金属钠，观察有什么现象发生，并解释原因。

2. 酚的性质

（1）苯酚的酸性　取固体苯酚少许（约0.6g）于试管中，加水4mL，振荡使其成乳浊状（说明苯酚难溶于水），将乳浊液分为两份。在第一份中逐滴加入5%氢氧化钠溶液至溶液澄清为止（此时生成何物），然后在此澄清溶液中逐滴加入3mol/L硫酸至溶液呈酸性，观察有何变化。在第二份乳浊液中加入5%碳酸氢钠溶液，观察溶液是否澄清，并解释原因。

（2）溴代反应　取1%苯酚溶液4滴于试管中，慢慢加入饱和溴水6滴，并不断振荡，观察有何现象发生。

（3）与 $FeCl_3$ 的反应　取试管4支，分别加入1%苯酚、1% α-萘酚、1%间苯二酚、1%乙醇溶液各5滴，然后于每支试管中加入1%三氯化铁溶液1滴，观察所呈现的颜色。

3. 醛和酮的性质

（1）与2,4-二硝基苯肼反应　在3支试管中，分别加入2滴乙醛、苯甲醛、丙酮和10滴2,4-二硝基苯肼，充分振摇后，静置片刻，观察和记录反应现象并解释之。若无沉淀析出，可微热1min，冷却后再观察。有时为油状物，可加1～2滴乙醇，振摇促使沉淀生成。

（2）与亚硫酸氢钠反应　在3支干燥的试管中，分别加入1mL新配制的饱和亚硫酸氢钠溶液和5滴乙醛、丙酮、苯乙酮、乙醇、异丙醇，边加边用力振摇，观察和记录反应现象并解释之。如无晶体析出，可用玻璃棒摩擦试管壁或将试管浸入冰水中冷却后再观察。

（3）碘仿反应　在5支试管中分别加入1mL水和10滴碘试液，再分别加入5滴乙醛、丙酮、苯乙酮、乙醇、异丙醇，边摇边逐滴加入5%氢氧化钠溶液至碘色恰好褪去，观察和记录反应现象并解释之。若无沉淀析出，可在温水浴中加热数分钟，冷却后再观察。

4. 与托伦试剂反应

在3支洁净的试管中分别加入10滴2%的硝酸银和2滴5%的氢氧化钠溶液，边摇边逐滴加入2%氨水至产生的沉淀恰好溶解为止。再分别加入5滴40%甲醛、乙醛、丙酮，摇匀后，在50～60℃水浴中加热数分钟，观察和记录反应现象并解释之。

5. 与斐林试剂反应

在4支试管中，分别加入斐林试剂Ⅰ和斐林试剂Ⅱ各10滴，再分别加入3滴40%甲醛、苯甲醛、丙酮、乙醛，摇匀后，在沸水浴中加热数分钟，观察和记录反应现象并解释之。

6. 与希夫试剂反应

在4支试管中，分别加入希夫试剂10滴和3滴40%甲醛、乙醛、丙酮、苯甲醛，摇匀后，在显色的试管中，边摇边逐滴加入浓硫酸，观察和记录反应现象并解释之。

【附注】

1. 2,4-二硝基苯肼试剂的配制：将3g 2,4-二硝基苯肼溶于15mL浓硫酸，将此酸性溶液慢慢加入到70mL 95%乙醇中，再用蒸馏水稀释到100mL，过滤。滤液保存于棕色试剂瓶中。

2. 低分子量羰基化合物与亚硫酸氢钠的加成产物能溶于稀酸中，不易得到结晶。由于芳香族甲基酮的空间位阻较大，与硫酸氢钠作用甚慢或不起作用。

饱和硫酸氢钠溶液的配制：在100mL 40%亚硫酸氢钠溶液中，加入25mL不含醛的无水乙醇，滤去析出的结晶。此试剂应使用前配制。

3. 滴加碱后溶液必须呈淡黄色，应有微量碘存在，若已成无色可反滴碘试液；醛和酮不宜过量，否则会使碘仿溶解；碱若过量，会使碘仿分解。

碘试剂的配制：将25g碘化钾溶于100mL蒸馏水中，再加入12.5g碘搅拌使其溶解。

4. 易被氧化的糖类及其他还原性物质均可与托伦试剂作用。试管必须十分洁净，否则不能生成银镜，仅出现黑色絮状沉淀。反应时必须水浴加热，否则会生成具有爆炸性的雷酸银［$Ag(ONC)_2$］。实验完毕，试管用稀硝酸洗涤。

5. 脂肪醛、α-羟基酮（如还原糖）、多元酚等均可与斐林试剂反应。芳香醛、酮类则不反应。反应结果决定于还原剂（如醛）浓度的大小及加热时间的长短，可能析出Cu_2O（红色）、$Cu_2(OH)_2$（黄色）或Cu（暗红色）。因此，有时反应液的颜色变化为：绿色（由淡蓝色的氢氧化铜与黄色的氢氧化亚铜混合所致)-黄色-红色沉淀。甲醛尚可将氢氧化亚铜还原为暗红色的金属铜。

斐林试剂的配制：斐林试剂Ⅰ，将34.6g硫酸铜（$CuSO_4 \cdot 5H_2O$）溶于500mL蒸馏水中，混浊时过滤。斐林试剂Ⅱ，将173g酒石酸钾钠（$KNaC_4H_4O_6 \cdot 4H_2O$）和70g氢氧化钠溶于500mL蒸馏水中，两溶液分别保存，使用时等体积混合。

6. 某些酮和不饱和化合物及易吸附SO_2的物质能使希夫试剂恢复品红原有的桃红色，不应作为阳性反应。反应时，不能加热，溶液中不能含有碱性物质和氧化剂，否则SO_2逸去，使试剂变回原来品红的颜色，干扰鉴别。故宜在冷溶液及酸性条件下进行。

品红亚硫酸试剂的配制：将0.2g品红盐酸盐溶于100mL热水中，冷却后，加入2g亚硫酸氢钠及2mL浓盐酸，用水稀释到200mL，待红色褪去即可使用。若呈粉红色，可加入少量活性炭振荡过滤，密封于棕色瓶中。

【思考题】

1. 伯、仲、叔醇与卢卡斯试剂的反应性能有什么差异？

2. 苯酚为什么比苯易于发生亲电取代反应？

3. 哪些试剂可用以区别醛类和酮类？

4. 试述碘仿反应应用的范围，下列化合物有无碘仿反应？

(1) $C_6H_5COCH_2CH_3$　　(2) $CH_3CH(OH)CH_2CH_3$

(3) CH_3CH_2CHO　　(4) CH_3CH_2OH

5. 用简单的化学方法鉴别下列化合物：苯甲醛、甲醛、乙醛、丙酮、异丙醇。

实验二十八　羧酸、羧酸衍生物及取代羧酸的化学性质

Chemical Properties of Carboxylic Acids，Carboxylic Acid Derivatives and Substituted Carboxylic Acids

【目的与要求】

1. 验证羧酸的化学性质。
2. 掌握羧酸的鉴别方法。
3. 掌握羧酸衍生物及取代羧酸的主要化学性质。
4. 掌握羧酸衍生物及取代羧酸的鉴别方法。

【基本原理】

羧酸均有酸性，与碱作用生成羧酸盐。羧酸的酸性比盐酸和硫酸弱，但比碳酸强，因此可与碳酸钠或碳酸氢钠成盐而溶解。饱和一元羧酸中甲酸的酸性最强，二元羧酸中草酸的酸性最强。羧酸和醇在浓硫酸的催化下发生酯化反应，生成有香味的酯。在适当的条件下羧酸可发生脱羧反应。甲酸分子中含有醛基，具有还原性，可被高锰酸钾或托伦试剂氧化。由于两个相邻羧基的相互影响，草酸易发生脱羧反应和被高锰酸钾氧化。

羧酸衍生物一般指的是酯、酸酐、酰卤和酰胺类化合物。它们的分子中都含有酰基，因而具有相似的化学性质，如都可发生水解、醇解和氨（胺）解反应。由于酰基上所连的基团不同，而使其反应活性不同，其活性顺序为：酰卤＞酸酐＞酯＞酰胺。

重要的取代羧酸有羟基酸和酮酸。它们的酸性均比相应的羧酸强。乙酰乙酯是由酮式和烯醇式两种互变异构体共同组成的混合物，因此它既有酮的性质，如能与2,4-二硝基苯肼反应生成橙色的2,4-二硝基苯腙沉淀，又有烯醇的性质，如能使溴水退色，与三氯化铁溶液作用发生显色反应等。

【仪器与试剂】

仪器　试管，烧杯，酒精灯，试管夹，带软木塞的导管等。

试剂　冰醋酸，草酸，苯甲酸，异戊醇，水杨酸，10%甲酸，10%乙酸，10%草酸，10%苯酚，5%氢氧化钠溶液，5%盐酸溶液，0.05%高锰酸钾溶液，5%碳酸钠溶液，浓硫酸，饱和石灰水，pH 试纸，乙酰氯，乙酸酐，乙酸乙酯，正丁醇，乙酰胺，10%乙酰乙酯溶液，饱和溴水，2%硝酸银溶液，3mol/L 硫酸，10%氢氧化钠溶液，无水乙醇，饱和碳酸钠溶液，1%三氯化铁溶液，10%氢氧化钾乙醇溶液，红色石蕊试纸。

【实验步骤】

1. 酸性

(1) 用干净的玻璃棒分别蘸取10%乙酸、10%甲酸、10%草酸、10%苯酚于 pH 试纸上，观察和记录其 pH 并解释之。

（2）在 2 支试管中分别加入 0.1g 苯甲酸、水杨酸，各加 1mL 水，边摇边逐滴加入 5%氢氧化钠溶液至恰好澄清，再逐滴加入 5%盐酸溶液，观察和记录反应现象并解释之。

2. 酯化反应

在干燥的试管中加入冰醋酸和异戊醇各 1mL，边摇边逐滴加入 10 滴浓硫酸，将试管置于 60～70℃水浴中加热[1] 10min（勿使管内液体沸腾），取出试管待其冷却后加入 2mL 水，注意所生成酯的气味。记录有何气味和现象并解释之。

3. 脱羧反应

在 2 支干燥的试管中，分别加入 1g 草酸、水杨酸，用带导管的塞子塞紧，将试管口略向下倾斜地夹在铁架上，把导管出口插入盛有 1mL 饱和石灰水的试管中，然后用酒精灯加热，观察和记录反应现象并解释之。实验结束时，先移去石灰水试管，再移去火源，以防石灰水倒吸入灼热的试管中而炸裂。

4. 氧化反应

（1）在洁净的试管中，加入 10 滴 10%甲酸溶液，边摇边逐滴加入 5%氢氧化钠溶液至呈碱性，再加入 10 滴新配制的托伦试剂，水浴加热，观察和记录反应现象并解释之。

（2）在 3 支试管中分别加入 1mL 10%甲酸、10%乙酸、10%草酸，边摇边逐滴加入 0.05%高锰酸钾溶液，若不退色，将 3 支试管同时放入水浴中加热，观察和记录反应现象并解释之。

（3）在试管中加入 10 滴乳酸，边摇边逐滴加入 0.05%高锰酸钾溶液，有何现象？解释之。

5. 水解反应

（1）酰卤的水解　在盛有 1mL 水的试管中，沿管壁慢慢加入 5 滴乙酰氯[2]，略加摇动，观察和记录反应现象并解释之。待反应结束后，再加入 2 滴 2%硝酸银溶液，观察有何变化。

（2）酸酐的水解　在盛有 1mL 水的试管中，加入 5 滴乙酐，摇匀后，在温水浴中加热数分钟，用石蕊试纸检验，有何气味和现象？解释之。

（3）酯的水解　在 3 支试管中，分别加入 1mL 乙酸乙酯和 1mL 水，再在一支试管中加入 1mL 稀硫酸，在另一支试管中加入 1mL 10%氢氧化钠溶液，摇匀后将 3 支试管同时放入 60～70℃水浴中，边摇边观察混合液是否变澄清，试解释之。

（4）酰胺的水解　在 2 支试管中，各加入 0.5g 乙酰胺，在一支试管中加入 1mL 10%氢氧化钠溶液，另一支试管中加入 1mL 稀硫酸，煮沸，并将湿润的红色石蕊试纸放在试管口，有何气味和现象？解释之。

6. 醇解反应

（1）酰卤的醇解　在干燥的试管中加入 15 滴无水乙醇，边摇边逐滴加入 10 滴乙酰卤，待试管冷却后，慢慢加入 2mL 饱和碳酸钠溶液，静置后观察现象并嗅其气味。

（2）酸酐的醇解　在干燥的试管中，加入 15 滴无水乙醇和 10 滴乙酐，再加入 1 滴浓硫酸，振摇，待试管冷却后，慢慢加入 2mL 饱和碳酸钠溶液，静置后观察并嗅其气味。

7. 乙酰乙酸乙酯酮式-烯醇式互变异构

（1）在试管中加入 10 滴 2,4-二硝基苯肼试剂和 3 滴 10%乙酰乙酸乙酯，观察和记录反应现象并解释之。

(2) 在试管中加入10滴10%乙酰乙酸乙酯和1滴1%三氯化铁溶液，有紫色出现，边摇边逐滴加入数滴饱和溴水，紫色褪去，稍等片刻紫色又出现，试解释之。

反应温度不能过高，若超过乙酸乙酯和异戊醇的沸点，会引起两者挥发，使现象不明显。

【注释】

[1] 酯化反应温度不能过高，若超过乙酸乙酯和异戊醇的沸点，会引起两者挥发，使现象不明显。

[2] 乙酰氯很活泼，与水或醇反应均较剧烈，应注意安全。试管口不能对准人，特别不能对着眼睛。

【思考题】

1. 做脱羧实验时，若将过量的二氧化碳通入石灰水中时将会出现什么现象？

2. 甲酸是一元羧酸，草酸是二元羧酸，它们都有还原性，可以被氧化。其他的一元羧酸和二元羧酸是否也能被氧化？

3. 为什么酯、酰卤、酸酐、酰胺的水解反应速度不同？

4. 用简单的化学方法鉴别乙酰氯、乙酸酐、乙酸乙酯、乙酰胺。

实验二十九 糖的化学性质

Chemical Properties of Saccharide

【目的与要求】

1. 掌握碳水化合物的结构和主要化学性质。

2. 学会重要糖类化合物的鉴别方法。

【基本原理】

糖又称碳水化合物，是多羟醛或多羟酮及它们的缩合产物。通常，糖类化合物可分为单糖、双糖和多糖三类。凡是分子中具有半缩醛或半缩酮羟基的糖均有还原性，称为还原糖。多糖及分子中没有半缩醛或半缩酮羟基的糖没有还原性，称为非还原糖。还原糖能被弱氧化剂托伦试剂、斐林试剂、班乃迪试剂氧化，还能与苯肼作用，生成不同晶形的糖脎等。非还原糖则不能，借此可区别之。

还原糖与苯肼作用生成的糖脎是难溶于水的结晶，糖脎的生成速度和晶体的形状及其熔点等因糖的不同而异，据此可以鉴别、分离不同的糖。

糖类在浓硫酸或盐酸的作用下，能与酚类化合物发生显色反应。其中莫里许试剂（α-萘酚的乙醇溶液）与糖产生紫色，可用此法检验出糖类。西里瓦诺夫试剂（间苯二酚的盐酸溶液）与糖产生鲜红色，且与酮糖反应出现红色较醛糖快，可用以鉴别酮糖和醛糖。双糖和多糖在酸存在下，均可水解成具有还原性的单糖。淀粉与碘液的显色反应是鉴别淀粉的常用方法。

【仪器与试剂】

仪器　试管，烧杯，酒精灯，白瓷点滴板，显微镜等。

试剂　5%葡萄糖溶液，5%麦芽糖溶液，5%果糖溶液，5%蔗糖溶液，5%乳糖溶液，

2%淀粉溶液，浓硫酸，25%硫酸，碘溶液，浓盐酸，班乃迪试剂，苯肼试剂，5%碳酸钠溶液，莫里许试剂，西里瓦诺夫试剂。

【实验步骤】

1. 与班乃迪（Benedict）试剂[1]反应

在5支试管中分别加入5滴5%葡萄糖溶液、5%果糖溶液、5%麦芽糖溶液、5%蔗糖溶液、2%淀粉溶液和10滴班乃迪试剂，摇匀后在沸水浴中加热数分钟，观察和记录反应现象并解释之。

2. 与托伦试剂反应

在5支洁净的试管中，分别加入10滴硝酸银溶液和2滴5%氢氧化钠溶液，边摇边逐滴加入2%氨水至产生的沉淀恰好溶解为止。再分别加入5滴5%葡萄糖溶液、5%果糖溶液、5%麦芽糖溶液、5%蔗糖溶液、2%淀粉溶液，混匀后，在60～70℃水浴中加热数分钟，观察和记录反应现象并解释之。

3. 与苯肼反应[2]

在4支试管中分别加入1mL 5%葡萄糖溶液、5%果糖溶液、5%麦芽糖溶液、5%乳糖溶液和1mL苯肼试剂，混匀后，将4支试管同时放入沸水浴中加热，观察和记录各试管中形成糖脎的先后次序。若30min后仍无晶体析出，取出试管，冷却后，再观察。取少许结晶在显微镜下观察糖脎的晶形。

4. 与莫里许（Molish）试剂[3]反应

在4支试管中分别加入1mL 5%葡萄糖溶液、5%蔗糖溶液、5%麦芽糖溶液、2%淀粉溶液和2滴新配制的莫里许试剂，摇匀后将试管倾斜，沿管壁慢慢加入1mL浓硫酸，使酸进入管底，观察两液层界面的颜色改变。

5. 与西里瓦诺夫（Seliwanoff）试剂[4]反应

在4支试管中分别加入1mL西里瓦诺夫试剂和5滴5%葡萄糖溶液、5%果糖溶液、5%蔗糖溶液、5%麦芽糖溶液，摇匀后，将4支试管同时放入沸水浴中加热2min，比较各试管出现红色的先后次序。

6. 蔗糖的水解

在试管中加入1mL 5%蔗糖溶液和2滴25%硫酸，混匀后放入沸水浴中加热20min，冷却后用5% Na_2CO_3 溶液中和至无气泡放出为止，再加入10滴班乃迪试剂，放入沸水浴中加热，观察和记录反应现象并解释之。

7. 淀粉的水解

在试管中加入1mL 2%淀粉溶液和2滴浓盐酸，在沸水浴中加热，每隔2min用吸管吸出1滴反应液在白瓷板上，加碘液一滴，观察颜色变化，当反应液不再显色时，取出试管，冷却后，用5% Na_2CO_3 溶液中和至无气泡放出为止，加10滴班乃迪试剂，放入沸水浴中加热，观察反应现象并解释之。

8. 淀粉与碘液显色反应

在试管中加入2%淀粉溶液5滴和碘液1滴，观察有何颜色变化，再加热有何现象，放置冷却后又有什么变化。

【注释】

[1]　班乃迪试剂是经过改良的斐林试剂，主要成分是硫酸铜、柠檬酸钠和碳酸钠。班

乃迪试剂比斐林试剂稳定，与还原糖的作用极为灵敏。

班乃迪试剂的配制：将 17.3g 硫酸铜溶于 100mL 蒸馏水中，另将 100g 无水碳酸钠和 173g 柠檬酸钠溶于 800mL 热蒸馏水中。将两溶液混合，用蒸馏水稀释至 1000mL。若混浊，需过滤后方可使用。

[2] 各种糖与苯肼形成糖脎的时间及结晶形状不同，可用于鉴别不同的糖。果糖、葡萄糖、甘露糖形成相同的糖脎。乳糖与麦芽糖的糖脎易溶于热水，冷却后方可得到结晶。

[3] 实验很灵敏，自单糖到纤维素均有反应。此外，丙酮、甲酸、乳酸、草酸、葡萄糖醛酸及糠醛衍生物等也能与莫里许试剂产生颜色。因此，阴性反应是糖类不存在的确证，而阳性反应则只表明可能含有糖类。

莫里许试剂的配制：将 10g α-萘酚溶于 95%乙醇中，再用 95%乙醇稀释至 100mL。用前配制。

[4] 西里瓦诺夫试剂的配制：将 0.05g 间苯二酚溶于 50mL 浓盐酸中，稀释至 100mL。

【思考题】

1. 何谓还原糖？它们在结构上有什么特点？如何区别还原糖和非还原糖？
2. 若用蔗糖水解液制取糖脎，能得到几种特征晶形的脎？为什么？
3. 蔗糖与班氏试剂长时间加热时，有时也能得到阳性结果，怎样解释此现象？
4. 为什么可以利用碘溶液定性地了解淀粉水解进行的程度？
5. 用简便的化学方法鉴别下列化合物：葡萄糖、果糖、麦芽糖、蔗糖、乳糖、淀粉。

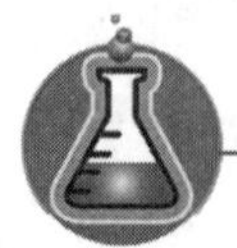

实验三十　氨基酸、蛋白质的性质

Chemical Properties of Amino Acid and Protein

【目的与要求】

1. 熟悉氨基酸主要的化学性质。
2. 了解蛋白质的基本结构和重要的化学性质。
3. 掌握鉴别氨基酸和蛋白质的方法。

【基本原理】

向蛋白质水溶液中加入浓的无机盐溶液，可使蛋白质的溶解度降低而从溶液中析出，这种作用叫作盐析。这样盐析出的蛋白质仍旧可以溶解在水中，而不影响原来蛋白质的性质，因此盐析是个可逆过程。利用这个性质，采用分段盐析方法可以分离提纯蛋白质。

在热、酸、碱、重金属盐、紫外线等作用下，蛋白质会发生性质上的改变而凝结起来。这种凝结是不可逆的，不能再使它们恢复成原来的蛋白质。蛋白质的这种变化叫做变性，蛋白质变性之后，紫外吸收，化学活性以及黏度都会上升，变得容易水解，但溶解度会下降。蛋白质变性后，就失去了原有的可溶性，也就失去了它们生理上的作用。因此蛋白质的变性凝固是个不可逆过程。

造成蛋白质变性的原因有两个。

物理因素：加热、加压、搅拌、振荡、紫外线照射、X 射线、超声波等。

化学因素：强酸、强碱、重金属盐、三氯乙酸、乙醇、丙酮等。

尿素加热至180℃左右，生成双缩脲并放出一分子氨。双缩脲在碱性环境中能与Cu^{2+}结合生成紫红色化合物，此反应称为双缩脲反应。蛋白质分子中有肽键，其结构与双缩脲相似，也能发生此反应。可用于蛋白质的定性或定量测定。

双缩脲反应不仅为含有两个以上肽键的物质所有。含有一个肽键和一个—CS—NH_2，—CH_2—NH_2，—CRH—NH_2，—CH_2—NH_2—CH(NH_2)—CH_2OH或—CH(OH)CH_2NH_2等基团的物质以及乙二酰二胺（O═C—C═O）等物质也有此反应。所有蛋白质或二肽以上的多肽都有双缩脲反应，但有双缩脲反应的物质不一定都是蛋白质或多肽。

除脯氨酸、羟脯氨酸和茚三酮反应产生黄色物质外，所有α-氨基酸及所有蛋白质都能和茚三酮反应生成蓝紫色物质。β-丙氨酸、氨和许多一级胺都呈阳性反应。尿素、马尿酸、二酮吡嗪和肽键上的亚氨基不呈现此反应。因此，虽然蛋白质和氨基酸均有茚三酮反应，但能与茚三酮呈阳性反应的不一定就是蛋白质或氨基酸。在定性、定量测定中，应严防干扰物存在。该反应十分灵敏，是一种常用的氨基酸定量测定方法。

茚三酮反应分为两步，第一步是氨基酸被氧化形成CO_2、NH_3和醛，水合茚三酮被还原成还原型茚三酮；第二步是所形成的还原型茚三酮与另一个水合茚三酮分子和氨缩合生成有色物质。此反应的适宜pH为5～7，同一浓度的蛋白质或氨基酸在不同pH条件下的颜色深浅不同，酸度过大时甚至不显色。

含有苯环结构的氨基酸，如酪氨酸和色氨酸，遇硝酸后，可被硝化成黄色物质，该化合物在碱性溶液中进一步形成橙黄色的硝醌酸钠。多数蛋白质分子含有带苯环的氨基酸，所以有黄色反应，苯丙氨酸不易硝化，需加入少量浓硫酸才有黄色反应。

【仪器与试剂】

仪器　常用仪器，水浴锅。

试剂　蛋白质溶液，5%硫酸铜，0.5%甘氨酸，0.5%酪氨酸，0.5%苯丙氨酸，饱和硫酸铵，5%碱性醋酸铅，1%硫酸铜，5%甘氨酸，0.1%茚三酮，饱和苦味酸，5%单宁酸，10%NaOH，95%乙醇，浓硝酸，5%醋酸，30%NaOH，红色石蕊试纸，10%硝酸铅。

【实验步骤】

1. 盐析试验

取一支试管，加入蛋白质溶液20滴，再加入20滴饱和硫酸铵溶液，振荡后析出蛋白质沉淀，溶液变浑浊。取浑浊液10滴于另一试管中，加入蒸馏水2mL，振荡后观察现象，为什么?

2. 醇对蛋白质的作用

取10滴蛋白质溶液于试管中，加入10滴95%乙醇，振荡，静置数分钟，溶液浑浊，取浑浊液10滴滴于另一试管中，再加入蒸馏水1mL，振摇，观察现象，与盐析结果比较。

3. 蛋白质与重金属盐作用

取2支试管，各加入蛋白质溶液10滴，再在其中一支试管中加入5%碱式醋酸铅溶液1滴，另一支试管中加入5%硫酸铜溶液1滴，立即产生沉淀（切勿加过量试剂，否则，沉淀又复溶解）[1]。再用水稀释，观察沉淀是否溶解，与盐析结果做比较（本试验可用5%甘氨酸溶液作对比试验）。

4. 蛋白质与生物碱试剂作用

取2支试管，各加入10滴蛋白质溶液和2滴醋酸[2]，一管加入饱和苦味酸2滴，另一管加入5%单宁酸2滴[3]。观察有无沉淀生成。

5. 茚三酮试验[4]

取2支试管，分别加4滴蛋白质溶液和4滴0.5%甘氨酸溶液，再分别加入3滴0.1%茚三酮溶液，混合后，放在沸水浴中加热1～5min，观察并比较两管的显色时间及颜色情况。

6. 二缩脲试验[5]

取2支试管，分别加入10滴蛋白质溶液、0.5%甘氨酸溶液，再各加入10滴10%氢氧化钠溶液，混合后，再分别加入1～2滴1%硫酸铜溶液（勿过量）。振荡后，观察现象，比较结果。

7. 黄蛋白试验[6]

取一支试管，加入5滴蛋白质溶液及2滴浓硝酸，出现白色沉淀或浑浊，然后加热煮沸，观察现象，反应液冷却后再滴入10%氢氧化钠溶液至反应液呈碱性，观察颜色变化（这一反应结果表明蛋白质分子中含有什么基本结构？可能有哪些氨基酸？）（用苯丙氨酸和酪氨酸对比）。

8. 蛋白质的碱解

取1mL蛋白质溶液放在试管里，加入2mL 30%NaOH溶液，把混合物煮沸2～3min，此时析出沉淀，继续沸腾时，沉淀又溶解，放出氨气（可用红色石蕊试纸放在试管口检出之）。

向上面的热溶液中加入1mL 10%硝酸铅溶液，再将混合物煮沸，起初生成的白色氢氧化铅沉淀溶解在过量的碱液中。如果蛋白质与碱作用有硫脱下，则生成硫化铅，结果清亮的液体逐渐变成棕色。当脱下的硫较多时，则析出暗棕色或黑色的硫化铅沉淀。

【注释】

[1] 沉淀复溶于过量沉淀剂中，这是沉淀吸附了过量的金属离子使沉淀胶粒带电形成新的双电层所致。

[2] 加醋酸的作用是使蛋白质处在酸性环境中，呈阳离子状态存在，使它更易于与生物碱试剂作用，沉淀更明显。

[3] 生物碱试剂过量时，也会出现沉淀复溶于过量沉淀剂的现象。

[4] 茚三酮试验，蛋白质、*α*-氨基酸均有正性反应，但脯氨酸、羟脯氨酸、*β*-氨基酸与茚三酮作用显黄色（并非正常的紫红色），为负性结果，*N*-取代*α*-氨基酸、*γ*-氨基酸亦为负性结果，而伯胺、氨及某些羟胺化合物对本试验有干扰。

[5] 二缩脲反应正常显蓝紫色或淡红色，这是二缩脲与铜离子形成络合物所致。

本试验应防止加入过多的硫酸铜溶液，否则生成过多的氢氧化铜沉淀，有碍于对紫色或淡红色的观察。

[6] 带有苯环的氨基酸包括：酪氨酸、苯丙氨酸和色氨酸。它们之中，酪氨酸苯环上的羟基活化了苯环，使得黄蛋白反应较容易进行，而苯丙氨酸苯环的硝化却较难发生。以酪氨酸为例，黄蛋白反应的方程式为：

$$\text{HO–C}_6\text{H}_4\text{–CH}_2\text{CH(NH}_2\text{)COOH} \xrightarrow[-H_2O]{+HNO_3} \text{HO(O}_2\text{N)C}_6\text{H}_3\text{–CH}_2\text{CH(NH}_2\text{)COOH}$$

【思考题】

1. 盐析作用的原理是什么？盐析在化学工作中有什么应用？
2. 怎样区别氨基酸与蛋白质？
3. 做蛋白质的沉淀试验和颜色反应试验时应注意哪些问题？

第五篇　有机合成实验

实验三十一　溴乙烷的制备

Preparation of Bromoethane

【目的与要求】

1. 学习以结构上相对应的醇为原料制备一卤代烷的实验原理和方法。
2. 学习低沸点蒸馏的基本操作。
3. 巩固分液漏斗的使用方法。

【基本原理】

在实验室中，卤代烷一般是以醇类为原料，用卤原子置换羟基制得的。溴乙烷可以利用浓氢溴酸（47.5%，也可以用溴化钠和浓硫酸）与乙醇作用来制备。

$$NaBr+H_2SO_4 \longrightarrow HBr+NaHSO_4$$

$$C_2H_5OH+HBr \rightleftharpoons C_2H_5Br+H_2O$$

醇与氢溴酸的反应是可逆的。为了使平衡向右方移动：一方面，增加醇及硫酸的浓度；另一方面，利用溴乙烷低沸点的性质，及时地从反应混合物中将其蒸馏出来。

同时，反应过程也会有副反应发生，如产生乙醚、乙烯等。

$$C_2H_5OH \xrightarrow{H_2SO_4} C_2H_4+H_2O$$

$$2C_2H_5OH \xrightarrow{H_2SO_4} C_2H_5OC_2H_5+H_2O$$

$$2HBr+H_2SO_4 \longrightarrow Br_2+SO_2+2H_2O$$

【仪器与试剂】

仪器　半微量有机合成制备仪器（25mL），圆底烧瓶1个，10mL圆底烧瓶2个，30mL锥形瓶2个，空心塞1个，200mL烧杯2个，真空接液管1个，75°弯头，蒸馏头，直形冷凝管，温度计（100℃）2个，温度计套管，分液漏斗2个，量筒（10mL），加热套（250mL），滴管。

试剂　95%乙醇，浓硫酸，溴化钠固体。

【实验步骤】

在100mL圆底烧瓶中，放入9.0mL水，在冷却和不断振荡下，慢慢地加入19.0mL浓硫酸。冷至室温后，再加入10mL 95%乙醇，然后在搅拌下加入13.0g研细的溴化钠[1]，再投入2～3粒沸石。将烧瓶等按图5-1装好。为防止产品挥发损失，在接收器中加入5mL冷水及5mL 40% $NaHSO_3$ 溶液[2]，放在冰水浴中冷却，并使接收管的末端刚浸没在接收器的水溶液中。

用小火加热石棉网上的烧瓶，瓶中物质开始发泡，控制火焰大小[3]，使油状物质逐渐蒸馏出去（馏出物为乳白色油状物，沉于瓶底），约30min后慢慢加大火焰，直到无油滴蒸出为止[4]。

将接收器中的液体倒入分液漏斗中。静置分层后，将下层的粗制溴乙烷[5]放入干燥的小锥形瓶中。将锥形瓶浸于冰水浴中冷却，逐滴往瓶中加入浓硫酸，同时振荡，直到溴乙烷变得澄清透明，而且瓶底有液层分出（约需 4mL 浓硫酸）。用干燥的分液漏斗仔细地分去下面的硫酸层，将溴乙烷层从分液漏斗的上口倒入蒸馏瓶中。

装配蒸馏装置，加 2～3 粒沸石，用水浴加热，蒸馏溴乙烷。收集 37～40℃的馏分。收集产品的接收器要用冰水浴冷却，产量约 7mL（10g）。

【注释】

[1] 溴化钠要先研细，在搅拌下加入，以防结块而影响反应进行。亦可用含结晶水的溴化钠（$NaBr \cdot 2H_2O$），其用量需经换算，并相应地减少加入的水量。

[2] 加热不均或过热时，会有少量分解出来的溴使蒸出的油层带棕黄色，加亚硫酸氢钠可除去此棕黄色。

[3] 在反应过程中应注意防止接收器的液体发生倒吸而进入冷凝管，反应结束时，先移开接收器，再停止加热。

[4] 整个反应过程需 0.5～1h。反应结束时，烧瓶中残液由浑浊变为清亮透明，应趁热将残液倒出，以免硫酸氢钠冷却后结块，不易倒出。

[5] 要避免将水带入分出的溴乙烷中，否则加硫酸处理时将产生较多的热量而使产品挥发损失。

【附注】

1. 装置要严密。
2. 加浓硫酸要边加边摇使其冷却，充分冷却后（冰水浴中）再加溴化钠，以防反应放热冲出。
3. 加热要先小火，逐渐稍大，使反应平稳发生，避免大火，否则产物损失，并有副产物生成。
4. 精制时要先彻底分去水，冷却下加硫酸，否则加硫酸产生热量使产物挥发损失。
5. 最后蒸馏注意干燥。
6. 产物验收质量或体积及折射率。

【实验装置】

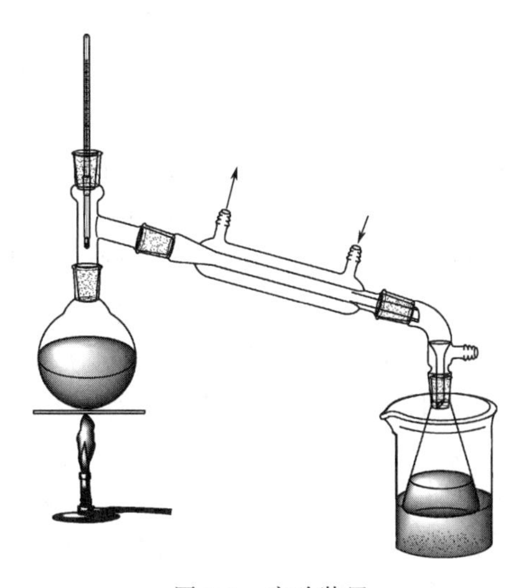

图 5-1 实验装置

【思考题】

1. 在制备溴乙烷时，反应混合物中如果不加水，会有什么结果？

2. 粗产品中可能有什么杂质？是如何除去的？

3. 如果你的实验结果产率不高，试分析其原因。

实验三十二　1-溴丁烷制备

Preparation of 1-Bromobutane

【目的与要求】

1. 学习以溴化钠、浓硫酸和正丁醇为原料制正溴丁烷的方法与原理。

2. 练习带有吸收有害气体装置的回流加热操作。

【基本原理】

主反应：

$$NaBr + H_2SO_4 \longrightarrow HBr + NaHSO_4$$

$$n\text{-}C_4H_9OH + HBr \rightleftharpoons n\text{-}C_4H_9Br + H_2O$$

副反应：

$$n\text{-}C_4H_9OH \xrightarrow{H_2SO_4} nCH_3CH_2CH{=}CH_2 + nH_2O$$

$$2n\text{-}C_4H_9OH \xrightarrow{H_2SO_4} n\text{-}C_4H_9OC_4H_9\text{-}n + H_2O$$

$$2HBr + H_2SO_4 \longrightarrow Br_2 + SO_2 + 2H_2O$$

【仪器与试剂】

仪器　半微量有机制备仪，100mL 圆底烧瓶，球形冷凝管，导气管，小玻璃漏斗，10mL 量筒，250mL 烧杯，弯管，直形冷凝管，尾接管，真空塞，分液漏斗两个，10mL 圆底烧瓶 2 个，30mL 锥形瓶 1 个，蒸馏头，温度计套管，温度计（200℃），电热套。

试剂　浓 H_2SO_4，$n\text{-}C_4H_9OH$，NaBr，饱和 $NaHCO_3$ 溶液，5% NaOH，无水 Na_2SO_4。

【实验步骤】

在 100mL 圆底烧瓶中加入 10mL 水，并小心加入 14mL 浓硫酸，混合均匀后冷至室温。加入 9.2mL（7.4g，0.10mol）正丁醇及 13g（约 0.13mol）溴化钠，振摇后，加入几粒沸石，装上回流冷凝管，冷凝管上端接一溴化氢吸收装置（使漏斗口恰好接触水面，切勿浸入水中，以免倒吸），用 5%氢氧化钠溶液（也可用水）作吸收剂，装置见图 1-2(c)。

将烧瓶在电热套上加热回流 0.5h，调节电热套电压使反应物保持沸腾而又平稳地回流，回流过程中时加摇动烧瓶，以使反应物充分接触。由于无机盐水溶液有较大的相对密度，不久会分出上层液体即正溴丁烷。回流约需 30～40min，反应完毕，稍冷却后改为蒸馏装置（见图 2-17），蒸出正溴丁烷粗品，至馏出液清亮为止。

将馏出液移入分液漏斗中，加入等体积水洗涤，分去水层，有机相转入另一干燥的分液漏斗中，用等体积的浓硫酸洗涤一次，分出硫酸层。有机层再依次用等体积的水、饱和碳酸氢钠溶液及水各洗涤一次后转入干燥的锥形瓶中，用 1～2g 无水硫酸钠干燥后蒸馏，收集

99～103℃的馏分。称量、计算产率。一般产量为7～8g。

纯正溴丁烷的沸点为101.6℃，折射率 n_D^{20} 为1.4399。

【附注】

1. 加浓硫酸时要少量多次，边加边冷却，彻底冷却后加溴化钠。
2. 回流时要小火，注意溴化氢吸收装置，玻璃漏斗不要浸入水中，防止倒吸。
3. 洗涤时注意顺序，哪一层是产品要分清，分液要彻底。
4. 最后蒸馏时仪器要干燥，不得将干燥剂倒入蒸馏瓶内。

【思考题】

1. 正溴丁烷是否蒸完，可从哪些方面判断？
2. 本实验中硫酸的作用是什么？硫酸的用量过大或过小有何不好？
3. 为什么用饱和碳酸氢钠溶液洗涤前先要用水洗涤一次？

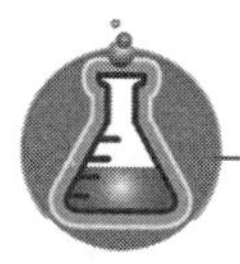

实验三十三　乙酸乙酯的制备

Preparation of Ethylacetate

【目的与要求】

1. 熟练掌握蒸馏、洗涤、干燥、分液漏斗的使用等制备乙酸乙酯的基本操作。
2. 了解酯化作用的一般原理与方法。

【基本原理】

羧酸和醇作用生成酯和水的反应，称为酯化反应。其逆反应叫做酯的水解反应。在无催化剂的情况下，反应进行得非常缓慢，需要很长时间才能达到平衡。用催化剂和加热的方法可以使反应达到平衡，但是不能改变平衡混合物的比例关系。为了提高酯的产率，根据平衡移动原理应采取以下措施：增加反应物之一（酸或醇）的用量；移去生成物（酯和水），使生成物脱离反应体系。

至于使用过量酸还是过量醇，则取决于原料来源难易和操作是否方便等因素。本实验中，是用过量乙醇与乙酸作用（因为乙醇比乙酸便宜），并以浓硫酸作催化剂以及利用它的吸水作用，在110～120℃的温度下，使酯化反应顺利进行。反应式如下：

$$CH_3COOH + C_2H_5OH \longrightarrow CH_3COOC_2H_5 + H_2O$$

副反应：

$$2C_2H_5OH \xrightarrow{H_2SO_4} C_2H_5OC_2H_5 + H_2O$$

利用乙酸乙酯能与水、乙醇形成低沸点共沸物的特性，把它从反应体系中蒸馏出来。即乙酸乙酯和水形成共沸混合物（b. p. 为70.4℃），比乙醇（b. p. 为78℃）和乙酸（b. p. 为118℃）的沸点都低，很容易蒸出。

初馏液中除乙酸乙酯外，还含少量乙醇、水、乙酸、乙醚、亚硫酸等，故需用碳酸钠溶液洗去酸，用饱和氯化钙溶液洗涤其中的醇，并用无水硫酸镁进行干燥。

乙酸乙酯是无色易燃的液体，具有水果香味。

【仪器与试剂】

仪器　三颈瓶（125mL），圆底烧瓶（125mL），球形冷凝管，直形冷凝管，尾接管，滴液漏斗，分液漏斗，温度计（150℃），蒸馏烧瓶，接液管，量筒，锥形瓶。

试剂　无水乙醇，冰醋酸，浓硫酸，饱和碳酸钠溶液，饱和食盐水，饱和氯化钙溶液，无水硫酸钠，沸石，pH 试纸。

【实验步骤】

1. 粗制

方法一　在 125mL 圆底烧瓶中，加入 19mL（约 16.5g）无水乙醇和 12mL（约 12g）冰醋酸，再小心加入 5mL 浓硫酸，混合均匀，并加入几粒沸石，装上球形冷凝管［见图 5-2(a)］。用电热套加热，保持缓缓的回流 0.5h，然后让瓶内反应物冷却后，改成蒸馏装置［见图 5-2(b)］，接收瓶可用冷水冷却。将粗产物蒸出，收集 80℃以下馏分（约为反应物总体积的 1/2）。

方法二[1]　在 125mL 三颈瓶中，加入 12mL 95%乙醇，在振摇下分批加入 12mL 浓硫酸使混合均匀，并加入几粒沸石。三颈瓶两侧分别插入 60mL 滴液漏斗及温度计，漏斗末端及温度计的水银球浸入液面以下，距瓶底约 0.5～1cm。中间一口通过蒸馏弯管与直形冷凝管连接，冷凝管末端连接一接液管，用 50mL 锥形瓶作接收瓶。将 12mL 95%乙醇及 12mL 冰醋酸（约 12.6g，0.21mol）的混合液，经由 60mL 滴液漏斗滴入蒸馏瓶内约 3～4mL，然后将三颈瓶在石棉网上用小火加热，使瓶中反应液温度升到 110～120℃[2]。这时在蒸馏管口应有液体蒸出来，再从滴液漏斗慢慢滴入其余的混合液。控制滴入速度和蒸出速度大致相等，并维持反应液温度升高到 130℃时不再有液体馏出为止。

2. 除杂

在此馏出液中慢慢加入饱和碳酸钠溶液（约 10mL），时加摇动，直至无二氧化碳气体逸出（用 pH 试纸检验，酯层应呈中性）。将混合液移入分液漏斗，充分振摇（注意活塞放气）后，静置。分去下层水溶液，酯层用 10mL 饱和食盐水洗涤后[3]，再每次用 10mL 饱和氯化钙溶液洗涤 2 次，最后用蒸馏水洗一次。弃去下层液，酯层自分液漏斗上口倒入干燥的 50mL 锥形瓶中，用无水硫酸钠干燥。

3. 精制

将干燥的粗乙酸乙酯滤入干燥的蒸馏瓶中，加入沸石后在水浴上进行蒸馏。收集 73～78℃的馏分[4]。称重，计算产率。

4. 检验

测其折射率（方法见实验三），与文献值对照。

【注释】

［1］　方法二所采用的酯化方法，仅适用于合成一些沸点较低的酯类。其优点是能连续进行，用较小容积的反应瓶制得较大量的产物。对于沸点较低的酯类，若采用相应的酸和醇回流加热来制备，效果常不理想。

［2］　温度不宜过高，否则会增加副产物乙醚的含量。滴加速度太快会使醋酸和乙醇来不及作用就随着酯和水一起蒸出，从而影响酯的产率。

［3］　碳酸钠必须洗出，否则下一步用饱和氯化钙溶液洗去醇时，会产生絮状的碳酸钙沉淀，造成分离的困难。为减少酯在水中的溶解度（每 17 份水溶解 1 份乙酸乙酯），这里用饱和食盐水洗。

［4］　乙酸乙酯与水能形成二元和三元共沸物，其组成及沸点如表 5-1 所示。

表 5-1 乙酸乙酯与水形成共沸物的组成及沸点

沸点/℃	组成/%		
	乙酸乙酯	乙醇	水
70.2	82.6	8.4	9.0
70.4	91.9	—	8.1
71.8	69.0	31.0	—

由表 5-1 可知，若洗涤不净或干燥不够时，都使沸点降低，影响产率。

【实验装置】

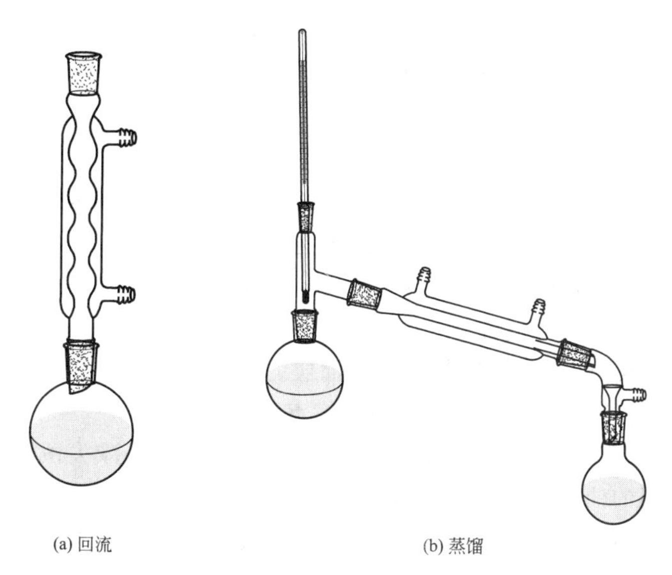

图 5-2 实验装置

【思考题】

1. 酯化反应有什么特点？
2. 本实验如何创造条件促使酯化反应尽量向生成乙酸乙酯的方向进行？
3. 本实验可能有哪些副反应？粗产品中会含有哪些杂质？这些杂质是如何除去的？
4. 是否可以采用醋酸过量？为什么？

实验三十四 乙酸正丁酯的合成

Synthesis of Butylacetate

【目的与要求】

1. 掌握共沸蒸馏分水法的原理和分水器的使用。
2. 掌握液体化合物的分离提纯方法。

【基本原理】

制备酯类最常用的方法是由羧酸和醇直接合成。合成乙酸正丁酯的反应如下：

$$CH_3\overset{\overset{\displaystyle O}{\|}}{C}OH + CH_3CH_2CH_2CH_2OH \xrightleftharpoons{H_2SO_4} CH_3\overset{\overset{\displaystyle O}{\|}}{C}OCH_2CH_2CH_2CH_3 + H_2O$$

酯化反应是一个可逆反应，而且在室温下反应速率很慢。加热、加酸（H_2SO_4）作催化剂，可使酯化反应速率大大加快。同时为了使平衡向生成物方向移动，可以采用增加反应物浓度（冰醋酸）和将生成物除去的方法，使酯化反应趋于完全。为了将反应中的生成物水除去，利用酯、酸和水形成二元或三元恒沸物，采取共沸蒸馏分水法，使生成的酯和水以共沸物形式蒸出来，冷凝后通过分水器分出水，油层则回到反应器中。

【仪器与试剂】

仪器　圆底烧瓶，分水器，球形冷凝管，直形冷凝管，蒸馏头，温度计，接收管，分液漏斗，锥形瓶，蒸馏烧瓶，电热套等。

试剂　正丁醇 9.3g（11.5mL，0.125mol），冰醋酸 9.4g（9mL，0.15mol），浓硫酸，10%碳酸钠，无水硫酸钠。

【实验步骤】

在 100mL 干燥的圆底烧瓶中加入 11.5mL 正丁醇和 9mL 冰醋酸，再滴入 3～4 滴浓硫酸，混匀后，放入 1～2 粒沸石，按图 5-3(a) 装配好反应装置。

在分水器中加入计量过的水，使水面稍低于分水器回流支管的下沿。打开冷凝水，反应瓶在电热套中加热回流。反应过程中，不断有水分出，并进入分水器的下部，通过分水器下部的开关将水分出（要留存），要注意水层与油层的界面，不要将油层放掉。反应约 40min 后，分水器中的水层不再增加时，即为反应的终点。

将分水器中液体倒入分液漏斗，分出水层，量取水的体积，减去预加入的水量，即为反应生成的水量。上层的油层与反应液合并。分别用 10mL 水、10mL 10%碳酸钠、10mL 水洗涤反应液，将分离出来的上层油层倒入一干燥的小锥形瓶中，加入无水硫酸钠干燥，直至液体澄清。干燥后的液体，用少量棉花通过三角漏斗过滤至干燥的 100mL 蒸馏烧瓶中，加入沸石，安装蒸馏装置［见图 5-3(b)］，加热，收集 124～127℃的馏分。产品称重，计算产率，测其折射率，与文献值对照。

【实验装置】

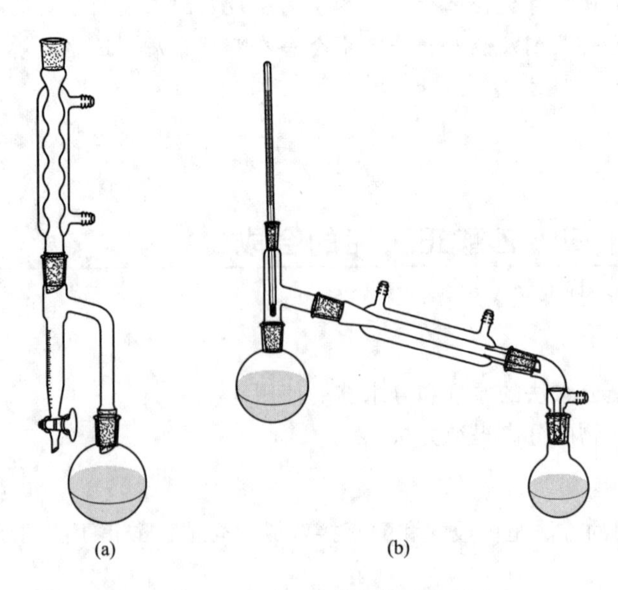

图 5-3　乙酸正丁酯的合成装置

【附注】

1. 高浓度醋酸在低温时凝结成冰状固体（熔点 16.6℃）。取用时可用温水浴温热使其熔化后量取。注意不要碰到皮肤，防止灼伤。

2. 浓硫酸起催化剂作用，只需少量即可。也可用固体超强酸作催化剂。

3. 当酯化反应进行到一定程度时，可连续蒸出乙酸正丁酯、正丁醇和水的三元共沸物（恒沸点 90.7℃），其回流液组成为：上层三者分别为 86%、11%、3%，下层为 1%、2%、97%。故分水时也不要分去太多的水，而以能让上层液溢流回圆底烧瓶继续反应为宜。

4. 碱洗时注意分液漏斗要放气，否则二氧化碳的压力增大会使溶液冲出来。

5. 本实验中不能用无水氯化钙为干燥剂，因为它与产品能形成络合物而影响产率。

6. 实验结果与讨论：纯乙酸正丁酯是无色液体，有水果香味。沸点 126.5℃，n_D^{20} 1.3941。

【思考题】

1. 酯化反应有哪些特点？本实验中如何提高产品收率？又如何加快反应速度？

2. 计算反应完全时应分出水的量。

3. 在提纯粗产品的过程中，是否可以用氢氧化钠溶液代替碳酸钠溶液？为什么？

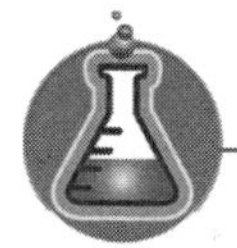

实验三十五　乙酰水杨酸的制备

Preparation of 2-acetoxybenzoic Acid

【目的与要求】

1. 学习用乙酸酐作酰基化试剂酰化水杨酸制乙酰水杨酸的酯化方法。

2. 巩固重结晶，熔点测定，抽滤等基本操作。

3. 了解乙酰水杨酸的应用价值。

【基本原理】

水杨酸，化学名称叫邻羟基苯甲酸 $pK_a=2.98$，其酸性比苯甲酸和对羟基苯甲酸都强。在 18 世纪，人们已能从柳树皮中提取水杨酸，并注意到了这个化合物在镇痛、退热和抗风湿等方面的药效。由于其对胃和肠道刺激较大，使用过量会导致内出血，因此人们对其进行了改进。

水杨酸是一个具有双官能团的化合物，一个是酚羟基，一个是羧基。羟基和羧基都可发生酯化反应，当其与乙酸酐作用时就可以得到乙酰水杨酸，即阿司匹林。阿司匹林是历史悠久的解热镇痛药，1899 年 3 月 6 日由德莱塞介绍到临床，并取名为阿司匹林（Aspirin）。阿司匹林已应用百年，成为医药史上三大经典药物之一，至今仍是世界上应用最广泛的解热、镇痛和抗炎药，也是作为比较和评价其他药物的标准制剂。

水杨酸如与过量的甲醇反应就可生成水杨酸的甲酯，它首先是作为冬青树的香味成分被发现的，通常称之为冬青油。

由于水杨酸本身具有两个不相同的官能团，反应中可形成少量的高分子聚合物，造成产物的不纯。为了除去这部分杂质可使乙酰水杨酸变成钠盐，利用高聚物不溶于水的特点将它们分开，达到分离的目的。

反应进行得完全与否，则可以通过三氯化铁进行检测。由于酚羟基可与三氯化铁水溶液反应形成深紫色的络合物，所以未反应的水杨酸与稀的三氯化铁溶液反应呈正结果；而纯净的阿司匹林不会产生紫色。

反应式：

$$o\text{-}HOC_6H_4\text{—}\overset{O}{\overset{\|}{C}}\text{—}OH \xrightarrow[H^+]{(CH_3CO)_2O} o\text{-}C_6H_4(\text{—}\overset{O}{\overset{\|}{C}}\text{—}OH)\text{—}O\text{—}\underset{\underset{O}{\|}}{C}\text{—}CH_3 + CH_3COOH$$

主要副反应：

$$o\text{-}HOC_6H_4\text{—}\overset{O}{\overset{\|}{C}}\text{—}OH + o\text{-}HOC_6H_4\text{—}\overset{O}{\overset{\|}{C}}\text{—}OH \longrightarrow o\text{-}HOC_6H_4\text{—}\overset{O}{\overset{\|}{C}}\text{—}O\text{—}C_6H_4\text{-}o\text{-}\underset{\underset{O}{\|}}{C}OH + H_2O$$

【仪器与试剂】

仪器　真空泵，水浴锅，锥形瓶，量筒，烧杯，布氏漏斗，抽滤瓶，表面皿，红外干燥箱等。

试剂　水杨酸，乙酸酐，饱和碳酸氢钠，1%三氯化铁，浓盐酸，苯，无水乙醇，对甲苯磺酸。

【实验步骤】

取2.7g水杨酸放入100mL干燥的锥形瓶中［见图5-4(a)］，加入3.8mL乙酸酐和0.2g对甲苯磺酸，充分摇动锥形瓶，水浴加热。待水杨酸全部溶解后，保持锥形瓶内的温度在81～85℃（使水浴锅的水温在86℃左右）；充分晃动反应25min左右。稍微冷却后加入50mL蒸馏水，充分搅拌，并用冰水冷却15min，直至白色结晶完全析出。减压过滤，用少量水洗涤，继续减压将溶剂尽量抽干。然后把结晶放在表面皿上，干燥［红外干燥箱见图5-4(c)］，称重，并计算产率。

精制：留下少量做对比实验，其余用来精制。

方法一　将粗品加入干燥的50mL烧杯中，用尽量少的乙醇将残渣洗入烧杯内，水浴加热溶解（如有不溶物则趁热过滤，取滤液），加入约30mL蒸馏水，充分搅拌，用冰水冷却结晶，抽去水分，将结晶移至表面皿上，干燥后，测熔点并计算产率。

方法二　将粗品放入150mL烧杯中，边搅拌边加入25mL饱和碳酸氢钠溶液。加完后继续搅拌几分钟，直至无二氧化碳气泡产生为止。用布氏漏斗过滤［见图5-4(b)］，并用5～10mL水冲洗漏斗，将滤液合并，倾入预先盛有3～5mL浓盐酸和10mL水的烧杯中，搅拌均匀，即有乙酰水杨酸沉淀析出。在冰浴中冷却，使结晶析出完全后，减压过滤，结晶用玻璃铲或干净玻璃塞压紧，尽量抽去滤液，再用冷水洗涤2～3次，抽去水分，将结晶移至表面皿上，干燥后，测熔点并计算产率。

方法三　为了得到更纯的产品，可将上述结晶加入到少量热苯中，安装冷凝管在水浴上加热回流。如有不溶物出现，可用预热过的玻璃漏斗趁热过滤（注意：避开火源，以免着火），待滤液冷至室温，此时应有结晶析出。如结晶很难析出，可加入少许石油醚摇匀，把混合溶液稍微在冰水中冷却（注意：冷却温度不要低于5℃，因苯的凝固点为5℃）。减压过滤，干燥。

对比实验（纯度检验）：分别取极少量粗制品和精制品乙酰水杨酸，溶解于几滴乙醇中，加 0.1%三氯化铁溶液 1～2 滴，观察颜色的变化。

【附注】

1. 水杨酸要干燥，乙酸酐最好是新蒸的。

2. 反应温度不宜过高，否则将增加副产物的生成，如水杨酰水杨酸酯、乙酰水杨酰水杨酸酯。

3. 此处抽气过滤时，布氏漏斗中的滤纸须用少量蒸馏水湿润。

4. 主要试剂及产品的物理常数（文献值）见表 5-2。

表 5-2 主要试剂及产品的物理常数

名　称	分子量	m. p. 或 b. p. /℃	水	醇	醚
水杨酸	138	158(s)	微	易	易
醋酐	102.09	139.35(l)	易	溶	∞
乙酰水杨酸	180.17	135(s)	溶、热	溶	微

【实验装置】

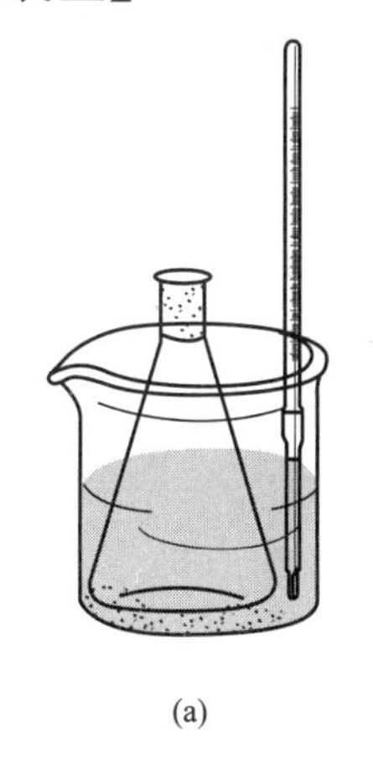

(a)

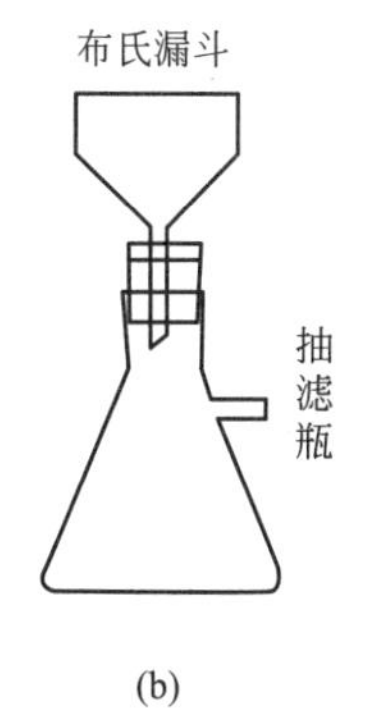

(b)

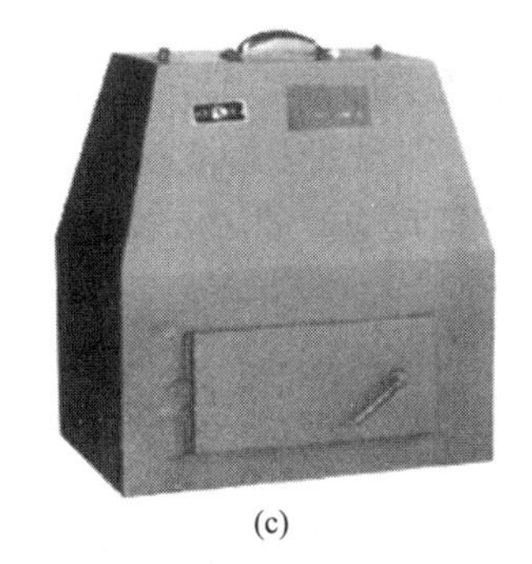

(c)

图 5-4 实验装置

【思考题】

1. 本实验使用的仪器为什么必须干燥？

2. 用三氯化铁溶液检查粗品和纯品，其结果的对比说明了什么？

3. 水杨酸的乙酰化比一般的醇或酚更难还是更容易些？为什么？

4. 用化学反应式表示在合成乙酰水杨酸时有少量高聚物生成，可用何种方法将其除去？

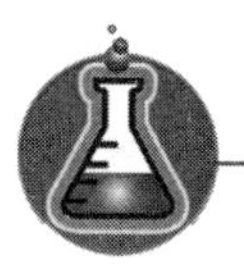

实验三十六 乙酰苯胺的制备

Preparation of *N*-phenylacetamide

【目的与要求】

1. 掌握苯胺乙酰化反应的原理和实验操作。

2. 掌握固体有机物提纯的方法——重结晶。

【基本原理】

反应式：

$$PhNH_2 + CH_3COOH \longrightarrow PhNHCOCH_3 + H_2O$$

【仪器与试剂】

仪器　14# 半微量合成仪，5mL 圆底烧瓶 2 个，刺形分馏柱，温度计套管，200℃温度计，50mL 烧杯，5mL 量筒，125mL 抽滤瓶，ϕ65mm 布氏漏斗，抽滤泵，剪子，搅拌棒，刮刀。

试剂　新蒸馏苯胺，冰醋酸，锌粉。

【实验步骤】

用 5mL 圆底烧瓶搭成简单分馏装置。向反应瓶中加入 1.0mL 新蒸的苯胺、1.5mL 冰醋酸和少量锌粉，摇匀。开始加热，保持反应液微沸约 10min，逐渐升温，稳定时反应温度维持在 100～105℃。反应 30min 后可适当升温至 110℃，蒸出大部分水和剩余的乙酸，温度出现波动时，可认为反应结束。趁热将反应物倒入盛有 5mL 冷水的 50mL 烧杯中，既有白色固体析出，稍加搅拌，冷却后抽滤，并用少量水洗涤晶体，粗产品用水重结晶，得到白色片状晶体，抽滤、烘干后称重，计算产率，测熔点及红外光谱。

【附注】

1. 装置要严密，先小火微回流 1h，1 滴/3s，然后逐渐升温至 105℃，蒸出大部分水和剩余的乙酸，温度下降表明反应结束，停火。

2. 保证反应时间 1.5h 左右。

3. 彻底冷却后再抽滤，尽量减少水的用量，以减少产品损失。

实验三十七　对二叔丁基苯的制备

Preparation of *p*-di-*t*-butylbenzene

【目的与要求】

学习利用 Friedel-Crafts 烷基化反应制备烷基苯的原理和方法。

【基本原理】

Friedel-Crafts 烷基化反应是向芳环引入烃基最重要的方法之一，实验室通常用芳烃和卤代烷在无水三氯化铝等 Lewis 酸催化下进行反应：

$$C_6H_6 + 2(CH_3)_3CCl \xrightarrow{\text{无水 } AlCl_3} p\text{-}(CH_3)_3C\text{-}C_6H_4\text{-}C(CH_3)_3 + 2HCl$$

工业上，通常用烯烃作烃化剂，三氯化铝-氯化氢-烃的配合物、磷酸、无水氟化氢及浓硫酸等作催化剂，利用分子内的 Friedel-Crafts 反应可以制备环状化合物。

【仪器与试剂】

仪器　电动搅拌器，水槽，三颈烧瓶，回流冷凝管，量筒，烧杯，干燥管，漏斗，温度计，锥形瓶。

试剂　叔丁基氯，无水苯，无水三氯化铝，氢氧化钠，乙醚，饱和食盐水，无水硫酸镁。

【实验步骤】

向装有温度计、机械搅拌和回流冷凝管（上端通过一氯化钙干燥管与氯化氢气体吸收装置相连）的 100mL 三颈烧瓶中加入 3mL（0.034mol）无水、无噻吩的苯，10mL（0.09mol）叔丁基氯，将烧瓶用冰水浴冷却至 5℃以下，迅速称取并加入 0.8g（0.006mol）无水三氯化铝（也可用 0.6mL 浓硫酸作该反应的催化剂），在冰水浴下冷却搅拌，使反应液充分混合。诱导期之后开始反应冒泡，放出氯化氢气体，注意控制反应温度在 5～10℃，待无明显的氯化氢气体放出时去掉冰水浴，使反应温度逐渐升高到室温，加入 8mL 冰水分解生成物，冷却后用 20mL，乙醚分两次萃取反应物，合并醚萃取液，用饱和食盐水溶液洗涤后用无水硫酸镁干燥。将干燥后的溶液滤入一锥形瓶，在水浴上蒸去乙醚，用 10mL 甲醇溶解粗产物，然后置于冰水浴让其自然冷却，可得到漂亮的针状或片状结晶，减压过滤，用少量冷甲醇洗涤产物，干燥后得对二叔丁基苯 3～5g，熔点 77～78℃。

【附注】

1. 气体吸收装置的玻璃漏斗应略为倾斜，使漏斗口一半在水面上，以防气体逸出和水被倒吸到反应瓶中。

2. 本实验所用仪器试剂均须干燥无水；噻吩具有芳香性，易与叔丁基烷发生烷基化，因此要除去噻吩。

3. 无水三氯化铝应呈小颗粒或粗粉状，暴露在湿空气中水解冒烟。

4. 烃基化反应是放热反应，但它有一个诱导期，且易发生多取代和重排等副反应。

5. 对二叔丁基苯（*p*-di-*t*-butylbenzene）：分子量 190.23，熔点 78℃。难溶于水，易溶于醚及热的乙醇。

【思考题】

1. 本实验的烃基化反应为什么要控制在 5～10℃进行？温度过高有什么不好？

2. 叔丁基是邻对位定位基，本实验为何只得到对二叔丁基苯一种产物？如果苯过量较多，即苯/叔丁基氯摩尔比为 4∶1，则产物为叔丁基苯。试解释之。

实验三十八　对甲苯磺酸的制备

Preparation of 4-methylbenzenesulfonic Acid

【目的与要求】

学习利用磺化反应制备对甲苯磺酸的原理和方法。

【基本原理】

主反应：

$$C_6H_5CH_3 + HOSO_3H \longrightarrow p\text{-}CH_3C_6H_4SO_3H + H_2O$$

副反应：

$$C_6H_5CH_3 + HOSO_3H \longrightarrow o\text{-}CH_3C_6H_4SO_3H + H_2O$$

【仪器与试剂】

仪器　酒精灯（或电热套），圆底烧瓶，量筒，锥形瓶，分水器，球形冷凝管，锥形瓶，布氏漏斗，抽滤瓶，玻璃塞。

试剂　甲苯，浓盐酸，浓硫酸，精盐。

【实验步骤】

在 50mL 圆底烧瓶内放入 25mL 甲苯，一边摇动烧瓶，一边缓慢地加入 5.5mL 浓硫酸，投入几根上端封闭的毛细管，毛细管的长度应能使其斜靠在烧瓶颈内壁。在石棉网上用小火回流 2h 或至分水器积存 2mL 水为止。冷却反应物。将反应物倒入 60mL 锥形瓶内，加入 5mL 水，此时有晶体析出。用玻璃棒慢慢搅拌，反应物逐渐变成固体。用布氏漏斗抽滤，用玻璃塞挤压以除去甲苯和邻苯磺酸，得粗产品约 15g。

若欲获得较纯的对甲苯磺酸，可进行重结晶。在 50mL 烧瓶（或大试管）里，将 12g 粗产品溶于约 6mL 水中。往此溶液里通入氯化氢气体[1]，直至晶体析出。在通氯化氢气体时，要采取措施，防止“倒吸”[2]。析出的晶体用布氏漏斗快速抽滤。晶体用少量浓盐酸洗涤。用玻璃塞挤压去水分，取出后保存在干燥器里。

纯对甲苯磺酸水合物为无色单斜晶体，熔点 104～105℃。

【注释】

[1]　此操作必须在通风橱内进行。发生氯化氢气体最常用的方法是：在广口圆底烧瓶里放入精盐，加入浓盐酸至浓盐酸的液面盖住食盐表面。配一橡皮塞，钻三孔，一孔插滴液漏斗，一孔插压力平衡管，一孔插氯化氢气体导出管。滴液漏斗上口与玻璃平衡管通过橡皮塞紧密相连接（不能漏气）。在滴液漏斗中放入浓硫酸。滴加浓硫酸，就产生氯化氢气体。

[2]　为了防止“倒吸”，可不用插入溶液的玻璃管来引入氯化氢气体，而是气体通过一略倾斜的倒悬漏斗让溶液吸收，漏斗的边缘有一半浸入溶液中，另一半在液面之上。

【思考题】

1. 按本实验的方法，计算对甲苯磺酸的产率时应以何原料为基准，为什么？
2. 利用什么性质除去对甲苯磺酸中的邻位衍生物？
3. 在本实验条件下，会不会生成相当量的甲苯二磺酸？为什么？

实验三十九 间硝基苯酚的制备

Preparation of 3-nitrophenol

【目的与要求】

学习并掌握利用重氮化反应制备芳香化合物的理论知识和实验方法。

【基本原理】

温热重氮盐的水溶液时，大多数重氮盐发生水解，生成相应的酚并释放出氮气。

$$ArN_2^+X^- \longrightarrow Ar^+ + N_2\uparrow + X^-$$

$$Ar^+ + H_2O \longrightarrow ArOH + H^+$$

这是重氮盐的制备要严格控制反应温度并不能长期存放的主要原因，但却为制备间取代的酚类（间硝基苯酚、间溴苯酚）这些不能通过亲电取代反应直接合成的化合物提供了一条间接的途径。当以制备酚为目的时，重氮化反应通常在硫酸中进行，这是因为使用盐酸时，重氮基被氯原子取代将成为重要的副反应。

$$ArN_2^+Cl^- \xrightarrow{\triangle} ArCl + N_2\uparrow$$

水解反应需在强酸性介质中进行，以避免重氮盐与酚之间的偶联，并根据芳胺的不同而采取适当的分解温度。

反应式：

$$\text{3-}NO_2C_6H_4NH_2 \xrightarrow[NaHO_2]{H_2SO_4} \text{3-}NO_2C_6H_4N_2^+HSO_4^- \xrightarrow[\triangle]{40\%\sim60\%\ H_2SO_4} \text{3-}NO_2C_6H_4OH$$

【仪器与试剂】

仪器 烧杯（250mL），锥形瓶，减压过滤装置，温度计，石棉网。

试剂 研成粉状的间硝基苯胺，硝酸钠，浓硫酸，盐酸，淀粉-碘化钾试纸，冰。

【实验步骤】

1. 重氮盐溶液的制备

在 250mL 烧杯中，先将 11mL 浓硫酸溶于 18mL 水中配成稀硫酸溶液，加入 7g 研成粉状的间硝基苯胺和 20～25g 碎冰，充分搅拌至成糊状。将烧杯置于冰盐浴中冷至 0～5℃，在充分搅拌下滴加 3.4g 亚硝酸钠溶于 10mL 水的溶液。控制滴加速度，使温度始终保持在 5℃以下，约 5min 加完[1]。必要时可向反应液中加入几小块冰，以防温度上升。滴加完毕后，继续搅拌 10min。然后取 1 滴反应液，用淀粉-碘化钾试纸进行亚硝酸试验，若试纸变蓝，表明亚硝酸钠已经过量[2]，必要时，可补加 0.5g 亚硝酸钠的溶液。然后将反应物在冰盐浴中放置 5～10min，部分重氮盐以晶体形式析出，倾滗出大部分上层清液于一锥形瓶中，立即进行下一步实验。

2. 间硝基苯酚的制备

在 250mL 烧杯中，放置 25mL 水，在振摇下小心加入 33mL 浓硫酸。将配制的稀硫酸在石棉网上加热至沸，分批加入倾滗于锥形瓶中的重氮盐晶体。控制加入速度，以免因氮气迅速释放产生大量泡沫而使反应物溢出。此时的反应液呈深褐色，部分间硝基苯酚呈黑色油状物析出。加完后，继续煮沸 15min。稍冷后，将反应混合物倾入用冰水浴冷却的烧杯中，并充分搅拌，使产物形成小而均匀的晶体。减压抽滤析出的晶体，用少量冰水洗涤几次，压干，湿的褐色粗产物约 4～5g。粗产物用 15%的盐酸（每克湿产物约需 10～12mL）重结晶，并加适量的活性炭脱色。干燥后得淡黄色的间硝基苯酚结晶。产量 2.5～3g。

纯间硝基苯酚的熔点为 96～97℃。

【注释】

[1] 亚硝酸钠的加入速度不宜过慢，以防止重氮盐与未反应的芳胺发生偶联生成黄色不溶性化合物。强酸性介质有利于抑制偶联反应的发生。

[2] 游离亚硝酸的存在表明芳胺硫酸盐已充分重氮化。重氮化反应通常使用比计算量多 3%～5%的亚硝酸钠，过量的亚硝酸易导致重氮基被—NO_2 取代和间硝基苯酚被氧化等副反应的发生。

【思考题】

1. 为什么重氮化反应必须在低温下进行？如果温度过高或溶液酸度不够会产生什么副反应？

2. 写出由硝基苯为原料制备间硝基苯酚的合成路线，为什么间硝基苯酚不能由苯酚硝化来制备？

实验四十 甲基橙的制备

Preparation of Methyl Orange

【目的与要求】

1. 了解通过重氮偶联反应制备甲基橙的方法。

2. 进一步掌握过滤等操作。

【基本原理】

$$H_2N-C_6H_4-SO_3H + NaOH \longrightarrow H_2N-C_6H_4-SO_3Na + H_2O$$

$$H_2N-C_6H_4-SO_3Na \xrightarrow[HCl]{NaNO_2} [HO_3S-C_6H_4-\overset{+}{N}\equiv N]Cl^- \xrightarrow[HOAc]{C_6H_5N(CH_3)_2}$$

$$[HO_3S-C_6H_4-N=N-C_6H_4-\underset{H}{\underset{|}{N}}(CH_3)_2]^+OAc^- \xrightarrow{NaOH}$$

$$NaO_3S-C_6H_4-N=N-C_6H_4-N(CH_3)_2 + NaOAc + H_2O$$

【仪器与试剂】

仪器 真空泵，布氏漏斗，抽滤瓶，烧杯，试管，温度计。

试剂 对氨基苯磺酸，亚硝酸钠，*N*,*N*-二甲基苯胺，浓盐酸，氢氧化钠（5%），乙醇，乙醚，冰醋酸，淀粉-碘化钾试纸，冰盐浴。

【实验步骤】

1. 重氮盐的制备

在烧杯中放置 2.1g 磨细的对氨基苯磺酸[1]和 10mL 5%氢氧化钠溶液，在冰盐浴中冷却至 0℃左右；然后加入 0.8g 磨细的亚硝酸钠，不断搅拌，直到对氨基苯磺酸全溶为止。在不断搅拌下，将 3mL 浓盐酸与 10mL 水配成的溶液缓缓滴加到上述混合溶液中，并控制温度在 5℃以下。滴加完后用淀粉-碘化钾试纸检验[2]。然后在冰盐浴中放置 15min 以保证反应完全[3]。

2. 偶合

在试管内混合 1.2g *N*,*N*-二甲基苯胺和 1mL 冰醋酸，在不断搅拌下，将此溶液慢慢加到上述冷却的重氮盐溶液中。加完后，继续搅拌 10min，然后慢慢加入 25mL 5%氢氧化钠溶液，直至反应物变为橙色，这时反应液呈碱性，粗制的甲基橙呈细粒状沉淀析出[4]。将反应物在沸水浴上加热 5min，冷至室温后，再在冰水浴中冷却，使甲基橙晶体析出完全。抽滤收集结晶，依次用少量水、乙醇、乙醚洗涤，压干。

若要得到较纯产品，可用溶有少量氢氧化钠（约 0.1～0.2g）的沸水（每克粗产物约需 25mL）进行重结晶。待结晶析出完全后，抽滤收集，沉淀依次用少量乙醇、乙醚洗涤[5]。得到橙色的小叶片状甲基橙结晶。

溶解少许甲基橙于水中，加几滴稀盐酸溶液，接着用稀的氢氧化钠溶液中和，观察颜色变化。

【注释】

［1］ 对氨基苯磺酸是两性化合物，酸性比碱性强，以酸性内盐存在，所以它能与碱作用成盐而不能与酸作用成盐。

［2］ 若试纸不显蓝色，则需补充亚硝酸钠。

［3］ 在此时往往析出对氨基苯磺酸的重氮盐。这是因为重氮盐在水中可以电离，形成中性内盐（ $^{-}O_3S-C_6H_4-\overset{+}{N}\equiv N$ ），在低温时难溶于水而形成细小晶体析出。

［4］ 若反应物中含有未作用的 *N*,*N*-二甲基苯胺醋酸盐，加入氢氧化钠后，就会有难溶于水的 *N*,*N*-二甲基苯胺析出，影响产物的纯度。湿的甲基橙在空气中受光的照射后，颜色很快变深，所以一般得紫红色粗产物。

［5］ 重结晶操作应迅速，否则由于产物呈碱性，在温度高时易使产物变质，颜色变深。用乙醇、乙醚洗涤的目的是使其迅速干燥。

【思考题】

1. 什么叫偶联反应？试结合本实验讨论一下偶联反应的条件。
2. 试解释甲基橙在酸碱介质中的变色原因，并用反应式表示。

实验四十一　苯甲醇和苯甲酸的制备

Preparation of Phenylmethanol and Benzoic Acid

【目的与要求】

1. 学习由苯甲醇制备苯甲酸的原理和方法，从而加深对 Cannizzaro 反应的认识。
2. 熟练掌握液体有机物的洗涤和干燥等基本操作。
3. 掌握低沸点，易燃有机溶剂的蒸馏操作。

4. 掌握有机酸的分离方法。

【基本原理】

无 α-氢原子的醛类在浓的强碱溶液作用下，发生 Cannizzaro 反应，一分子醛被氧化成羧酸（在碱性溶液中成为羧酸盐），另一分子醛则被还原成醇。

本实验是以苯甲醛和氢氧化钠作用，从而制备苯甲醇和苯甲酸。反应式：

$$2\,C_6H_5\text{—}\overset{O}{\overset{\|}{C}}\text{—}H + NaOH \longrightarrow C_6H_5\text{—}\overset{O}{\overset{\|}{C}}\text{—}ONa + C_6H_5\text{—}CH_2OH$$

$$C_6H_5\text{—}\overset{O}{\overset{\|}{C}}\text{—}ONa + HCl \longrightarrow C_6H_5\text{—}\overset{O}{\overset{\|}{C}}\text{—}OH + NaCl$$

【仪器与试剂】

仪器　圆底烧瓶，锥形瓶，量筒，分液漏斗，布氏漏斗，抽滤瓶，蒸馏头，直形冷凝管，尾接管，温度计。

试剂　苯甲醛，氢氧化钠，浓盐酸，乙醚，饱和亚硫酸氢钠溶液，10%碳酸钠溶液，无水硫酸镁。

【实验步骤】

在 125mL 锥形瓶中，放入 11g 氢氧化钠和 11mL 水，振荡使成溶液。冷却至室温。在振荡下，分批加入 13.2g 新蒸馏过的苯甲醛，每次约加 3mL；每加一次，都应塞紧瓶塞，用力振荡。若温度过高，可适时地把锥形瓶放入冷水浴中冷却。最后反应物变成白色蜡状物。塞紧瓶塞，放置过夜。

1. 苯甲醇的制备

反应物中加入 40～45mL 水，微热，搅拌，使之溶解。冷却后倒入分液漏斗中，用 30mL 乙醚分为三次萃取苯甲醇。保存萃取过的水溶液供步骤 2 使用。合并乙醚萃取液，用 5mL 饱和亚硫酸氢钠溶液洗涤。然后依次用 10mL 10%碳酸钠溶液和 10mL 冷水洗涤。分离出乙醚溶液，用无水硫酸镁或无水碳酸钾干燥。

将干燥的乙醚溶液倒入 60mL 蒸馏烧瓶中，用热水浴加热［见图 5-5(b)］，蒸出乙醚（倒入指定的回收瓶内）。然后改用空气冷凝管，在石棉网上加热，蒸馏苯甲醇［见图 5-5(c)］，收集 198～204℃的馏分。

2. 苯甲酸的制备

在不断搅拌下，将步骤 1 中保存的水溶液以细流慢慢地倒入 40mL 浓盐酸、40mL 水和 25g 碎冰的混合物中。减压过滤［见图 5-5(a)］析出的苯甲酸，用少量冷水洗涤，挤压去水分。取出产物，晾干。粗苯甲酸可用水进行重结晶。

主要试剂及产品的物理常数（文献值）见表 5-3。

表 5-3　主要试剂及产品的物理常数

名称	相对分子质量	沸点/℃	熔点/℃	相对密度
苯甲醛	106.12	178	−26	1.0415
氢氧化钠	40.01	1557	322	2.130
苯甲酸	122.12	249	122.4	1.0749
苯甲醇	108.14	205.4	−15.3	1.0419

【实验装置】

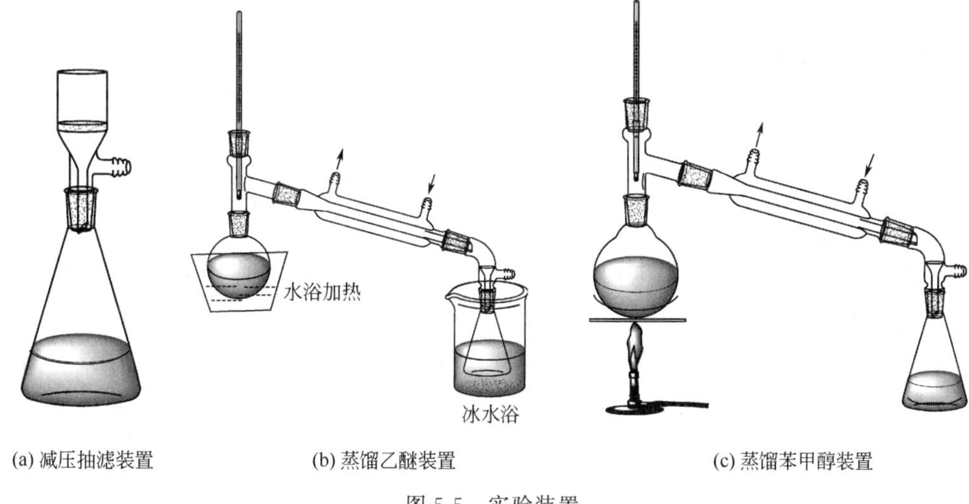

图 5-5 实验装置

【思考题】

1. 为什么要用新蒸馏过的苯甲醛？长期放置的苯甲醛含有什么杂质？若不除去，对本实验有何影响？

2. 乙醚萃取液为什么要用饱和亚硫酸氢钠溶液洗涤？萃取过的水溶液是否也需要用饱和亚硫酸氢钠溶液处理？为什么？

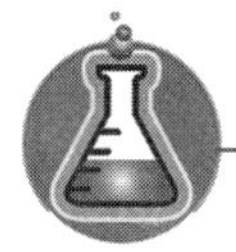

实验四十二 肉桂酸的合成

Preparation of 3-phenylacrylic Acid

【目的与要求】

1. 通过肉桂酸的制备学习 Perkin 反应及其基本操作。
2. 掌握水蒸气蒸馏的原理及操作。
3. 学习固体有机化合物的提纯方法：脱色、重结晶。
4. 了解微波加热技术的原理和实验操作方法。

【基本原理】

芳香醛和醋酸在碱催化作用下，生成 α,β-不饱和芳香醛，称 Perkin 反应，催化剂通常是相应酸酐的羧酸钾或钠盐，有时也可用碳酸钾或叔胺代替。

$$C_6H_5CHO + (CH_3CO)_2O \xrightarrow[150\sim170℃]{K_2CO_3} C_6H_5CH{=}CHCOONa + CH_3COOH \xrightarrow{HCl} C_6H_5CH{=}CHCOOH$$

本实验可以在微波炉中进行常压反应，将反应物和溶剂放入常法所用的玻璃器皿中，反应物和溶剂吸收微波能量后便升温。微波作用下反应体系能快速升温，并发生反应。

【仪器与试剂】

仪器　250mL 三口烧瓶，空气冷凝管，温度计（250℃），500mL 支管烧瓶（水蒸气蒸馏用），蒸馏头，直形冷凝管，接收弯头，锥形瓶，烧杯（200mL），喷灯，石棉网，铁环，铁架台，调压器，加热套等，家用微波炉。

试剂　苯甲醛，无水碳酸钾，无水碳酸钠，乙酸酐，浓盐酸，活性炭。

【实验步骤】

（1）经典法　在 250mL 三口烧瓶中加入 4.1g 研细的无水碳酸钾、3.0mL 新蒸馏的苯甲醛、5.5mL 乙酸酐，振荡使其混合均匀。三口烧瓶中间口接上空气冷凝管，侧口之一装上温度计，另一个用塞子塞上。用加热套低电压加热使其回流，反应液始终保持在 150～170℃，使反应进行 1h（回流 1h）。

取下三口烧瓶，向其中加入 50mL 水、10.0g 碳酸钠，摇动烧瓶使固体溶解。然后进行水蒸气蒸馏。用支管烧瓶作为水蒸气发生器，用喷灯加热。注意不能用喷灯直接加热烧瓶，烧瓶必须放在石棉网上。要尽可能地使蒸汽产生速度快。水蒸气蒸馏蒸到蒸出液中无油珠为止。

卸下水蒸气蒸馏装置，向三口烧瓶中加入约 1.0g 活性炭，加热沸腾 2～3min。然后进行热过滤。将滤液转移至干净的 200mL 烧杯中，慢慢地用浓盐酸进行酸化至明显的酸性（大约用 25mL 浓盐酸）。然后进行冷却至肉桂酸充分结晶，之后进行减压过滤。晶体用少量冷水洗涤。减压抽滤，要把水分彻底抽干，在红外灯下将晶体烘干，可得 2～2.5g 产品。产品为白色片状结晶，可用 95％乙醇进行重结晶。称重，计算产率，并进行物理常数测定，与文献值对照。

（2）微波法

$$\begin{matrix}\text{醋酸钾}\\\text{醋酸酐}\\\text{苯甲醛}\end{matrix}\xrightarrow[\text{15min}]{\text{微波加热}}\xrightarrow[\text{水蒸气蒸馏}]{Na_2CO_3}\text{残留液}\xrightarrow[\text{③浓盐酸 ④结晶 ⑤洗涤}]{\text{①活性炭 ②抽滤}}\text{粗产品}\xrightarrow{\text{重结晶}}\text{纯品}$$

【附注】

1. Perkin 反应所用仪器必须彻底干燥（包括量取苯甲醛和乙酸酐的量筒）。
2. 可以用无水碳酸钾和无水醋酸钾作为缩合剂，但是不能用无水碳酸钠。
3. 回流时加热强度不能太大，否则会把乙酸酐蒸出，白色烟雾不要超过空气冷凝器高度的 1/3。为了节省时间，可以在回流结束之前的 30min 开始加热支管烧瓶使水沸腾，不能用火直接加热烧瓶。
4. 进行脱色操作时一定要取下烧瓶，稍冷之后再加热活性炭。
5. 热过滤时必须是真正热过滤，布式漏斗要事先在沸水中取出，动作要快。
6. 进行酸化时要慢慢加入浓盐酸，一定不要加入太快，以免产品冲出烧杯造成产品损失。
7. 肉桂酸要结晶彻底，进行冷过滤；不能用太多水洗涤产品。
8. 无水醋酸钾需新鲜焙烧。水是极性物质，能激烈吸收微波，影响反应吸收微波的效率。

【思考题】

1. 为什么说帕金（Perkin）反应是变相的羟醛缩合反应？其反应机理是怎样的？
2. 本实验用水蒸气蒸馏的目的是什么？如何判断蒸馏终点？

3. 用无水醋酸钾作缩合剂，回流结束后加入固体碳酸钠，使溶液呈碱性，此时溶液中有哪几种化合物？各以什么形式存在？

实验四十三 香豆素的合成

Synthesis of Coumarin

【目的与要求】

1. 认识和掌握苯并吡喃酮类香料的合成。
2. 熟悉 Perkin 反应及其应用。

【基本原理】

香豆素，又名苯并吡喃酮（coumarin，1,2-benzopyrone），是一种香料和药物中间体，分子量 146，无色片状或粉状结晶，带有甘草香味。熔点 69～71℃，沸点 290～301℃，燃点 151℃，微溶于水，易溶于醇、乙醚、氯仿和氢氧化钠溶液。本品用于配制日用化学品用香精；也用作橡胶、塑料制品的增香剂；还可用于食品、烟和酒等作香精；也可用作金属表面加工的打磨剂和增光剂；在制药工业中用作中间体和药物。其合成方法主要有以下两种。

方法一 水杨醛-乙酸酐法。水杨醛和乙酸酐在乙酸钠（或钾）存在下缩合，生成邻羟基肉桂酸（Perkin 反应），进而在乙酸存在下发生分子内酯化，得到香豆素。国内工业化生产多采用此法。

$$\text{(CHO, OH)} + (CH_3CO)_2O \xrightarrow{\text{乙酸钠}} \text{(CH=CHCOONa, OH)} \longrightarrow \text{(O, O)}$$

方法二 水杨醛-氰乙酸法。氰乙酸的 α-H 具有较高的活性，在碱性条件下，形成的负碳离子很容易和水杨醛中的醛基加成，然后环合得到氰基香豆素。在上述条件下，同时发生氰基水解为羧基的反应，酸化后脱羧得到香豆素。

$$\text{(CHO, OH)} + CNCH_2COONa \xrightarrow{NaOH} \text{(CN; O, O)} \xrightarrow{\text{水解}} \text{(COOH; O, O)} \xrightarrow{\text{脱羧}} \text{(O, O)}$$

国内工业化生产很少采用水杨醛-氰乙酸法。本实验采用水杨醛-乙酸酐法。

【仪器与试剂】

仪器 电热套，机械搅拌器，三颈烧瓶（500mL），烧瓶，分水器，球形冷凝管，量筒，布氏漏斗，抽滤瓶，分液漏斗，蒸馏头，直形冷凝管，接收弯头，烧杯，锥形瓶，温度计等。

试剂 水杨醛，醋酐，醋酸钠，95%乙醇，氯化钴（六结晶水），盐酸，氢氧化钠。

【实验步骤】

500mL 三颈烧瓶配有温度计、机械搅拌和分水器。依次投入 37g（化学纯，0.3mol）水杨醛[1]，62g（0.6mol）醋酐，49g（0.6mol）无水乙酸钠，1.28g 六结晶水氯化钴。搅拌加热至 150℃，同温下保温反应 2h。反应过程中不断有乙酸和醋酐的混合物蒸出（共约 44g），随着乙酸和醋酐的蒸出，反应温度逐渐升高至 180℃，并于 180～195℃保温反应 3h，冷却混合物至 115℃，加入 250mL 热水将反应物稀释，搅拌 15min，转入分液漏斗，趁热分出下层（油层），水层以 70mL 苯萃取。合并有机层，常压蒸除并回收苯。剩余物经减压蒸馏，收集 130～180℃/5.3kPa 馏分，馏出物经冷凝结晶、抽滤得到香豆素粗品，将粗品以 95%乙醇重结晶并以活性炭脱色，得到香豆素，熔点 67～70℃，产量 28g，产率 64%。

【注释】

[1] 合成香豆素中使用的水杨醛除使用纯度较高的试剂外，在工业生产中已证明使用纯度为 60%的工业品（以苯酚、氯仿法生产）仍可得到较满意的产率。因为工业品水杨醛中的主要杂质为苯酚，它可以在反应中与乙酐（或乙酸钠）转变为乙酸苯酯，后者在香豆素蒸馏时可被分离出去。因此在使用含苯酚较多的工业品水杨醛时，只要适当增加醋酐的用量即可。

【思考题】

本反应为什么要用分水器？

实验四十四　妥拉唑啉的合成

Synthesis of Tolazoline

【目的与要求】

通过本实验，学习唑啉杂环的合成方法。初步了解含唑啉杂环的药物。

【基本原理】

妥拉唑啉分子中的唑啉环最方便的方法是通过氰基和二胺的环缩合来合成：

$$C_6H_5\text{—}CH_2CN + NH_2CH_2CH_2NH_2 \longrightarrow C_6H_5\text{—}CH_2\text{—}(\text{2-imidazolinyl}) \xrightarrow{HCl} C_6H_5\text{—}CH_2\text{—}(\text{2-imidazolinyl}) \cdot HCl$$

其主要副产物为二苯乙酰乙二胺：

$$C_6H_5\text{—}CH_2CN \xrightarrow{\text{水解}} C_6H_5\text{—}CH_2\overset{O}{\overset{\|}{C}}NH_2 \xrightarrow{NH_2CH_2CH_2NH_2} C_6H_5\text{—}CH_2\overset{O}{\overset{\|}{C}}NHCH_2CH_2NH\overset{O}{\overset{\|}{C}}CH_2\text{—}C_6H_5$$

妥拉唑啉也可以通过苯乙酰氯和乙二胺加热环缩合得到：

$$C_6H_5CH_2\overset{O}{\overset{\|}{C}}Cl + NH_2CH_2CH_2NH_2 \longrightarrow C_6H_5\text{—}CH_2\text{—}(\text{2-imidazolinyl})$$

或通过苯乙酰二缩二乙醇和乙二胺缩合得到：

$$C_6H_5CH_2CH(OC_2H_5)_2 + NH_2CH_2CH_2NH_2 \longrightarrow C_6H_5\text{—}CH_2\text{—}(\text{2-imidazolinyl})$$

但后两种方法均不如第一种方法经济。

妥拉唑啉属抗休克的血管活性药物，通过选择性阻断 α 受体，即对抗儿茶酚胺的收缩血管作用，使周围血管扩张，用于治疗外周血管痉挛性疾病、闭塞性脉管炎以及因静滴去甲肾上腺素漏出血管所致的局部缺血。也用于改善微循环。本品口服吸收完全，自肾排泄迅速，故作用时间短。妥拉唑啉本身在水中溶解度很小，所以临床上应用它的盐酸盐，口服或肌注。

【仪器与试剂】

仪器　电热套，机械搅拌器，三颈烧瓶（250mL），烧瓶，干燥管，球形冷凝管，量筒，布氏漏斗，抽滤瓶，蒸馏头，直形冷凝管，接收弯头，烧杯，锥形瓶，温度计等。

试剂　苯乙腈，乙二胺，乙醇，乙酸乙酯，氯化钙，无水乙醇。

【实验步骤】

1. 缩合

250mL 干燥的三颈烧瓶配有温度计、回流冷凝器，将苯乙腈 60mL（0.51mol）和无水乙二胺 50mL（0.75mol）加于三颈烧瓶中，加热回流，回流冷凝管上接一无水氯化钙干燥管。为检验反应的终点，取约 2mL 反应液，至冷却时应全部结成固体。反应完毕，改为减压蒸馏装置，在水浴上用水泵减压回收乙二胺，然后在油浴上用油泵减压蒸馏，收集 175～190℃/1.333kPa 的馏分。馏出物放冷即析出淡黄色游离的妥拉唑啉。残留在瓶内的固体即为副产品二苯乙酰乙二胺，粗产率 93%，产品用 95%的乙醇重结晶 2～3 次，可得白色絮状纯品，熔点为 202℃。

2. 成盐

将上述重结晶后产物溶于 4 倍量的乙酸乙酯中，在冷却条件下通入氯化氢气体至 pH＝3 左右，冷却析出固体盐酸盐，过滤，干燥。将此盐酸盐加热溶于 2 倍量的无水乙醇中，必要时过滤，加入 5 倍乙醇量的乙酸乙酯，在冰箱中放置即析出结晶，过滤，干燥，得到妥拉唑啉盐酸盐。熔点 172～176℃。产率 92%～93%。

有关物质物理常数及化学性质如下。

苯乙腈（phenylacetonitrile，benzyl cyanide）：$C_6H_5CH_2CN$，相对分子质量 117.15，沸点 234℃，n_D^{20} 1.5230，不溶于水，能与醇及醚混溶，本品有毒。

乙二胺（ethylenediamine）：$H_2NCH_2CH_2NH_2$，相对分子质量 60.11，沸点 118.0℃，n_D^{20} 1.4568，无色黏稠液体，类似氨的味道，溶于水和乙醇，不溶于苯和乙醚。

妥拉唑啉盐酸盐（tolazoline hydrochloride）：$C_{10}H_{12}N_2 \cdot HCl$，相对分子质量 196.68，熔点 174℃，白色或乳白色结晶粉末，味苦，有微香，易溶于水，溶于氯仿或乙醇，不溶于乙醚。

【思考题】

本反应可能的机理是什么？

实验四十五　乙酰乙酸乙酯的制备

Preparation of Ethyl Acetoacetate

【目的与要求】

了解乙酰乙酸乙酯的制备的原理和方法，掌握无水操作及减压蒸馏。

【基本原理】

含 α-活泼氢的酯在强碱性试剂（如 Na、$NaNH_2$、NaH、三苯甲基钠或格氏试剂）存在下，能与另一分子酯发生 Claisen 酯缩合反应，生成 β-羰基酸酯。乙酰乙酸乙酯就是通过这一反应制备的。虽然反应中使用金属钠作缩合试剂，但真正的催化剂是钠与乙酸乙酯中残留的少量乙醇作用产生的乙醇钠。

$$2CH_3\overset{\overset{O}{\|}}{C}OC_2H_5 \xrightarrow{C_2H_5ONa} CH_3\overset{\overset{O}{\|}}{C}CH_2\overset{\overset{O}{\|}}{C}OC_2H_5 + C_2H_5OH$$

【仪器与试剂】

仪器　无水干燥回流装置，减压蒸馏装置。

试剂　乙酸乙酯 25g（27.5mL，0.38mol），Na 2.5g（0.11mol）（m.p. 97.5℃，*d* 0.97g/cm³），二甲苯 12.5mL（b.p. 140℃、*d* 0.8678g/cm³），乙酰乙酸乙酯（*d* 1.025g/cm³），HOAc 50% 15mL，饱和 NaCl，无水 Na_2SO_4。

【实验步骤】

（1）熔钠　在表面皿上迅速将 Na 切成薄片，立即放入带干燥管的回流瓶中（内装 12.5mL 二甲苯），加热熔之。塞住瓶口振摇使之成为钠珠。回收二甲苯。

（2）加酯回流　迅速放入 27.5mL 乙酸乙酯，反应开始。若慢可温热。回流 1.5h 至钠基本消失，得橘红色溶液，有时析出黄白色沉淀（均为烯醇盐）。

（3）酸化　加 50%醋酸，至反应液呈弱酸性（固体溶完）。

（4）分液　反应液转入分液漏斗，加等体积饱和氯化钠溶液，振摇，静置。

（5）干燥　分出乙酰乙酸乙酯层，用无水硫酸钠干燥。

（6）精馏　水浴蒸去乙酸乙酯，剩余物移至 25mL 克氏蒸馏瓶，减压蒸馏，收集馏分。

【注意事项】

1. 仪器干燥，严格无水。金属钠遇水即燃烧爆炸，故使用时应严格防止钠接触水或皮肤。钠的称量和切片要快，以免氧化或被空气中的水汽侵蚀。多余的钠片应及时放入装有烃溶剂（通常二甲苯）的瓶中。

2. 摇钠为本实验关键步骤，因为钠珠的大小决定着反应的快慢。钠珠越细越好，应呈小米状细粒。否则，应重新熔融再摇。摇钠时应用干抹布包住瓶颈，快速而有力地来回振摇，往往最初的数下有力振摇即达到要求。切勿对着人摇，也勿靠近实验桌摇，以防意外。

主要试剂及产品的物理常数（文献值）如表 5-4 所示。

表 5-4　主要试剂及产品的物理常数

名称	分子量	性状	折射率 n_D^{20}	相对密度	熔点/℃	沸点/℃	溶解度(g/100mL 溶剂)		
							水	醇	醚
二甲苯	106.16	无色液体	1.0550		−25～−23	143～145			
乙酸乙酯	88.10	无色液体	1.3727	0.905	−83.6	77.3	85	∞	∞
乙酰乙酸乙酯	130.14	无色液体	1.4190	1.021	−43	181			

【思考题】

1. 为什么使用二甲苯作溶剂，而不用苯、甲苯？
2. 为什么要做钠珠？
3. 为什么用醋酸酸化，而不用稀盐酸或稀硫酸酸化？
4. 加入饱和食盐水的目的是什么？
5. 中和过程开始析出的少量固体是什么？
6. 乙酰乙酸乙酯沸点并不高，为什么要用减压蒸馏的方式？

第六篇　综合性、设计性实验

在经过基本操作实验和一定量的合成实验训练之后，学生已初步掌握了有机化学实验的常识和最常用的基本操作技能，具备了分析问题和解决问题的初步能力，会产生改进实验和自己设计实验的欲望。适当安排一些综合性、设计性实验有利于活跃实验教学的气氛，开拓学生的思路，培养学生的创新意识，提高一定的科研能力，也是培养能力型人才的重要环节。

综合性实验的内容一般所用知识较丰富，所含内容也涉及一些本领域较新技术，书中所提供方法具有一定的参考价值。设计性实验主要提供了一些知识性、趣味性、实用性，最关键是大学化学实验室皆能满足开设条件的实验项目，有兴趣的同学可以查阅相关资料，整理出切实可行的实验方法及步骤，进行实验，并写出完整的实验报告（以论文形式书写更有价值）。

实验四十六　透明皂的制备

Preparation of Transparent Soap

【目的与要求】

1. 了解透明皂的性能、特点和用途。
2. 熟悉配方中各原料的作用。
3. 掌握透明皂的配制操作技巧。

【基本原理】

透明皂以牛羊油、椰子油、蓖麻油等含不饱和脂肪酸较多的油脂为原料，与氢氧化钠溶液发生皂化反应，反应式如下：

$$\begin{array}{l} CH_2-O-\overset{\overset{O}{\|}}{C}-R^1 \\ | \\ CH-O-\overset{\overset{O}{\|}}{C}-R^2 \\ | \\ CH_2-O-\overset{\overset{O}{\|}}{C}-R^3 \end{array} + 3NaOH \longrightarrow \begin{array}{l} CH_2-OH \\ | \\ CH-OH \\ | \\ CH_2-OH \end{array} + \begin{array}{l} R^1COONa \\ R^2COONa \\ R^3COONa \end{array}$$

反应后不用盐析，将生成的甘油留在体系中增加透明度。然后加入乙醇、蔗糖作透明剂促使肥皂透明，并加入结晶阻化剂，有效提高透明度。

配方如表 6-1 所示。

表 6-1　透明皂的配方

组　分	质量分数/%	组　分	质量分数/%
牛油	13	结晶阻化剂	2
椰子油	13	30% NaOH 溶液	20
蓖麻油	10	95%乙醇	6
蔗糖	10	甘油	3.5
蒸馏水	10	香蕉香精	少许

【仪器与试剂】

仪器 托盘天平，250mL 烧杯，水浴锅，热过滤装置，玻璃棒，大烧杯，温度计。

试剂 30% NaOH，95%乙醇，牛油，椰子油，蓖麻油，甘油，蔗糖，蒸馏水，香蕉香精。

【实验步骤】

1. 用托盘天平于 250mL 烧杯中称入 30% NaOH 溶液 20g，95%乙醇 6g 混匀备用。

2. 在 400mL 烧杯中依次称入牛油 13g，椰子油 13g，放入 75℃热水浴混合融化，如有杂质，应用漏斗配加热过滤套趁热过滤，保持油脂澄清。然后加入蓖麻油 10g（长时间加热易使颜色变深）。混溶。快速将步骤 1 烧杯中物料加入到步骤 2. 烧杯中，匀速搅拌 1.5h，完成皂化反应（取少许样品溶解在蒸馏水中呈清晰状），停止加热。

3. 另取一个 50mL 烧杯，称甘油 3.5g、蔗糖 10mL、蒸馏水 10mL，搅拌均匀，预热至 80℃，呈透明状，备用。

4. 将步骤 3 中物料加入反应完的步骤 2 烧杯中，搅匀，降温至 60℃，加入香蕉香精，继续搅匀后，出料，倒入冷水冷却的冷模或大烧杯中，迅速凝固，得透明、光滑的透明皂。

【思考题】

1. 为什么制备透明皂不用盐析，反而加入甘油？

2. 为什么蓖麻油不与其他油脂一起加入，而在加碱前才加入？

3. 制透明皂若油脂不干净怎样处理？

实验四十七 固体酒精的制备

Preparation of Solid Alcohol

【目的与要求】

1. 了解固体酒精的制备原理和方法。

2. 掌握实验中所用的实验操作技术。

【基本原理】

酒精是一种优质液体燃料，它燃烧值高，无污染，无残留固体，但携带或运输则不如固体物质方便。固体酒精是一种新型固体燃料，具有安全、清洁、美观、经济等特点，广泛应用于餐饮业、旅游业和野外工作等场合。固体酒精的制备方法很多，主要差异在固化剂的不同，所使用的固化剂主要有：醋酸钙、硝化纤维、乙基羧基乙基纤维素、高级脂肪酸等。本实验以硬脂酸钠作固化剂。

硬脂酸与氢氧化钠混合后将发生下列反应：

$$C_{17}H_{35}COOH + NaOH \longrightarrow C_{17}H_{35}COONa + H_2O$$

反应生成的硬脂酸钠是一个长碳链的极性分子，室温下在酒精中不易溶。在较高的温度下，硬脂酸钠可以均匀地分散在液体酒精中，而冷却后则形成凝胶体系，使酒精分子被束缚于相互连接的大分子之间，呈不流动状态而使酒精凝固，形成了固体状态的酒精。

该方法中得到的硬脂酸钠具有疏松多孔的结构，似海绵吸水一样“吸收”了酒精。该产品碱性低、灼烧残渣少，像蜡烛一样可以任意用刀切割，放在砖块、铁板上即可点燃，工艺简单，价格便宜，无污染。

酒精在燃烧时火焰基本无色，而固体酒精由于加入了 NaOH，钠离子的存在使燃烧时的火焰为黄色。若加入 0.5%的硝酸铜，固体酒精的各项指标基本不受影响，但燃烧时火焰变为蓝色。可以选择不同的盐类，加入到固体酒精中去得到不同颜色的火焰，增加燃烧时的美感。固体酒精的制备中还可以加入石蜡作为黏结剂，可得到质地更加结实的产品。

【仪器与试剂】

仪器 球形冷凝管，两口烧瓶（或三口烧瓶），空心塞，滴液漏斗，烧杯，玻璃棒，量筒，搅拌器，温度计，水浴锅，铁架台，一次性水杯（作模具）。

试剂 酒精（工业级，93%），氢氧化钠（工业级，92%），硝酸铜（化学试剂级，98%），硬脂酸（工业级，90%），石蜡（工业级，90%），酚酞（配成 0.6%酒精溶液），沸石。

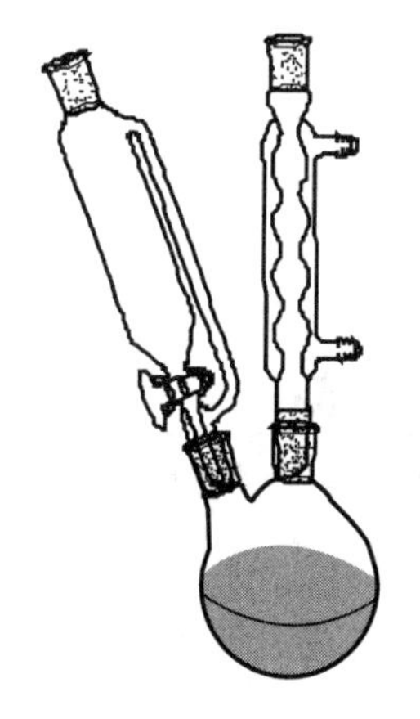

图 6-1 实验装置一

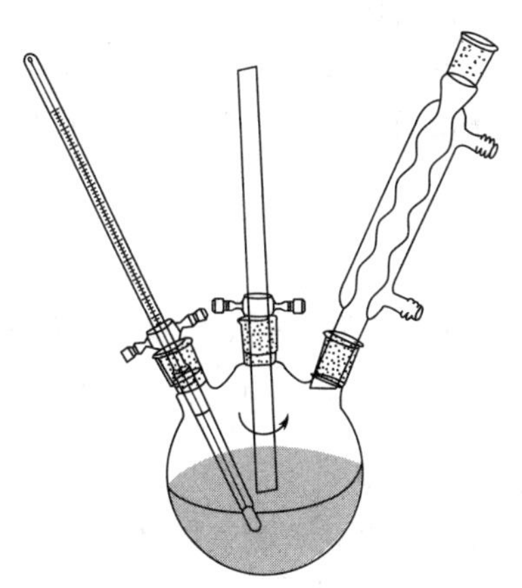

图 6-2 实验装置二

【实验步骤】

1. 固体酒精的制备

向 250mL 两口烧瓶中加入 9g（约 0.035mol）硬脂酸，2g 石蜡，50mL 酒精和数粒小沸石，装置回流冷凝管，摇匀，在水浴上加热约 60℃并保温至固体全部溶解为止（见图 6-1）。

将 1.5g（约 0.037mol）氢氧化钠和 13.5g 水加入 100mL 烧杯中，搅拌溶解后再加入 25mL 酒精，搅匀。将碱液由滴液漏斗滴入含硬脂酸、石蜡、酒精的三口烧瓶中，在水浴上加热回流 15min 使反应完全，移去水浴，待物料稍冷而停止回流时，趁热倒入模具，冷却后取出成品，进行燃烧实验。

2. 彩色固体酒精的制备

在装有搅拌器和回流冷凝管的 100mL 三口烧瓶中（见图 6-2），分别加入 2.5g 工业硬脂酸、50mL 工业酒精和 1 滴酚酞溶液，水浴加热，搅拌，回流。维持水浴温度在 70℃左右，直至硬脂酸全部溶解后，立即滴加事先配好的 10%氢氧化钠溶液与工业酒精 1∶1 的混合溶液，滴加速度先快后慢，滴至溶液颜色由无色变为浅红又立即褪掉为止。继续维持水浴温度在 70℃左右，搅拌，回流反应 10min 后，一次性加入 2.5mL 10%硝酸铜溶液再反应 5min 后，停止加热，冷却至 60℃，再将溶液倒入模具中，自然冷却后得嫩蓝绿色的固体酒精。

3. 燃烧试验

将制得的固体酒精燃料作为燃烧样品，称取少量固体酒精燃料于铁罐中，点燃。上面用一只 100mL 的烧杯放冷水在酒精罐上加热，燃烧时间为 15min，可把水烧沸。

【附注】

1. 硬脂酸加入酒精加热 60～70℃，必须待硬脂酸完全溶解成透明溶液时，再慢慢滴加氢氧化钠酒精液。在半小时滴加完，使反应保持微沸回流反应，冷却至 50～60℃，再将溶液倒入模具，最后得到均匀、半透明的固体酒精。

2. 在配方中添加硝酸铜是为了燃烧时改变火焰的颜色，美观，有欣赏价值，还可以添加溶于酒精的颜料，制成各种颜色的固体燃料。

【思考题】

1. 固体酒精燃料性能如何评价？
2. 制备固体酒精，常用的固化剂有哪些？
3. 提高固体酒精产品质量有什么措施和方法？

实验四十八　八甲基四氧杂夸特烯的合成

Synthesis of 1,1,6,6,11,11,16,16-octamethyl-21,22,23,24-tetraoxaquaterene

【目的与要求】

1. 通过大环化合物八甲基四氧杂夸特烯的合成，了解其合成原理和方法。
2. 掌握羧酸脱羧的原理和方法。

【基本原理】

呋喃和醛酮缩合是获得具有呋喃核的卟啉类似物大环化合物的来源之一。呋喃由呋喃甲酸脱羧而得。呋喃和丙酮在酸性条件下缩合，即得八甲基四氧杂夸特烯。

$$\text{(2-呋喃甲酸)}\ \text{COOH} \xrightarrow[-CO_2]{\triangle} \text{(呋喃)}$$

$$\text{(呋喃)} + \begin{matrix} H_3C \\ H_3C \end{matrix}\!\!>C{=}O \xrightarrow[95\%\ C_2H_5OH]{HCl} \text{(八甲基四氧杂夸特烯)}$$

【仪器与试剂】

仪器　单口圆底烧瓶，电热套，锥形瓶，漏斗，滤纸，空气冷凝管，直形冷凝管，干燥管，球形冷凝管，三口烧瓶，水槽。

试剂　呋喃甲酸，95%乙醇，浓盐酸，丙酮，呋喃，无水乙醇，苯，碱石灰，无水氯化钙。

【实验步骤】

1. 呋喃的制备　在圆底烧瓶中放置 4.5g 呋喃甲酸，按图 6-3 安装好仪器。先大火加热使呋喃甲酸快速熔化，然后调节加热强度，并保持微沸，当呋喃甲酸脱羧反应完毕，停止加热。得无色液体呋喃。

2. 大环化合物八甲基四氧杂夸特烯的合成 在25mL锥形瓶中加入2.7mL 95%乙醇和1.35mL浓盐酸，充分混匀，在冰浴中冷至5℃以下，然后将3.3mL丙酮和1.35mL呋喃的混合液迅速倒入锥形瓶中，盖上盖子，充分混匀，冰浴冷却。然后，在阴暗的室温条件下，静置7d或7d以上，即得一黄色蜡状固体。过滤，并用3mL无水乙醇洗涤，用苯重结晶，得缩合产物八甲基四氧杂夸特烯的白色结晶。

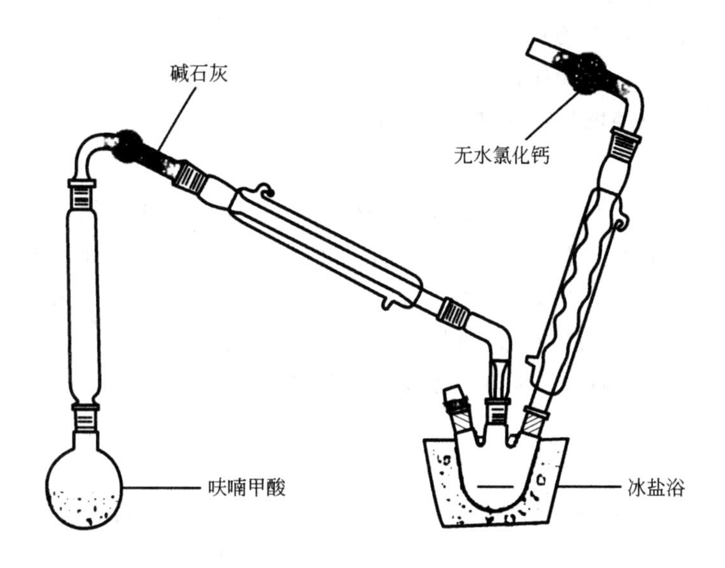

图6-3 实验装置

【附注】

1. 呋喃甲酸在100℃升华，升华物过多，造成空气冷凝管的堵塞或污染产物。所以，要大火加热使呋喃甲酸快速熔化避免升华，呋喃甲酸在133℃熔融，230～232℃沸腾，并在此温度下脱羧。

2. 脱羧过程中在烧瓶内壁和空气冷凝管中有呋喃甲酸时，可用电吹风从外部加热，使之熔化流回瓶底。

3. 由于呋喃的沸点低，极易挥发，用冰水作为冷却水可提高产率。接收瓶也必须置于冰盐浴中，减少产物的挥发损失。

4. 主要试剂及产品的物理常数（文献值）如表6-2所示。

表6-2 主要试剂及产品的物理常数

名　　称	分子量	性　状	熔点/℃	沸点/℃
八甲基四氧杂夸特烯	432.55	白色结晶	240～242	
呋喃甲酸	102.08	白色晶体	129～130	230～232

【思考题】

1. 呋喃和丙酮的缩合反应为什么要在酸性条件下进行？请写出此反应的机理。

2. 大环化合物八甲基四氧杂夸特烯的^{1}H NMR和^{13}C NMR谱图，有何特点？

实验四十九 (±)-苯乙醇酸的合成及拆分

Synthesis and Resolution of (±)-Mandelic Acid

【目的与要求】

1. 了解(±)-苯乙醇酸的制备原理和方法。
2. 学习相转移催化合成的基本原理和技术。
3. 巩固萃取及重结晶的操作技术。
4. 了解酸性外消旋体的拆分原理和实验方法。

【基本原理】

苯乙醇酸(俗名扁桃酸，mandelic acid，又称苦杏仁酸)可作医药中间体，用于合成环扁桃酸酯、扁桃酸乌洛托品及阿托品类解痛剂；也可用作测定铜和锆的试剂。

本实验利用氯化苄基三乙基铵作为相转移催化剂，将苯甲醛、氯仿和氢氧化钠在同一反应器中进行混合，通过卡宾加成反应直接生成目标产物。需要指出的是，用化学方法合成的扁桃酸是外消旋体，只有通过手性拆分才能获得对映异构。

反应式为：

$$HCCl_3 + NaOH \longrightarrow Cl_2C: + NaCl + H_2O$$

$$C_6H_5CHO \xrightarrow{Cl_2C:} \text{(二氯环氧化物)} \xrightarrow{\text{重排}} C_6H_5CHClCOCl \xrightarrow{OH^-} \xrightarrow{H^+} C_6H_5CH(OH)COOH$$

反应中用氯化苄基三乙基铵作为相转移催化剂。

由于(±)-苯乙醇酸是酸性外消旋体，故可以用碱性旋光体作拆分剂，一般常用(−)-麻黄碱。拆分时，(±)-苯乙醇酸与(−)-麻黄碱反应形成两种非对映异构的盐，进而可以利用其物理性质(如溶解度)的差异对其进行分离。

【仪器与试剂】

仪器 25mL圆底烧瓶，沸石，电热套，直形冷凝管，减压过滤装置，干燥器，250mL三颈烧瓶，搅拌器，滴液漏斗，温度计，水浴锅，玻璃棒，分液漏斗，热过滤装置。

试剂 苄氯，三乙胺，苯，无水氯化钙，石蜡，苯甲醛，氯仿，氢氧化钠，乙醚，无水硫酸镁，甲苯，盐酸麻黄碱，无水硫酸钠，无水乙醇，浓盐酸，冰。

【实验步骤】

1. 合成

(1) 依次向25mL圆底烧瓶中加入3mL苄氯、3.5mL三乙胺、6mL苯，加几粒沸石后，加热回流1.5h后冷却至室温，氯化苄基三乙基铵即呈晶体析出。减压过滤后，将晶体放置在装有无水氯化钙和石蜡的干燥器中备用。

(2) 在250mL三颈烧瓶上配置搅拌器、冷凝管、滴液漏斗和温度计。依次加入2.8mL苯甲醛、5mL氯仿和0.35g氯化苄基三乙基铵，水浴加热并搅拌。当温度升至

56℃时，开始自滴液漏斗中加入 35mL 30%的氢氧化钠溶液，滴加过程中保持反应温度在 60～65℃，约 20min 滴毕，继续搅拌 40min，反应温度控制在 65～70℃。反应完毕后，用 50mL 水将反应物稀释并转入 150mL 分液漏斗中，分别用 9mL 乙醚连续萃取两次，合并醚层，用硫酸酸化水相至 pH=2～3，再分别用 9mL 乙醚连续萃取两次，合并所有醚层并用无水硫酸镁干燥，水浴下蒸除乙醚即得扁桃酸粗品。将粗品置于 25mL 烧瓶中，加入少量甲苯，回流。沸腾后补充甲苯至晶体完全溶解，趁热过滤，静置母液待晶体析出后过滤。

2. 拆分

(1) 麻黄碱的制备：称取 4g 市售盐酸麻黄碱，用 20mL 水溶解，过滤后在滤液中加入 1g 氢氧化钠，使溶液呈碱性。然后用乙醚对其萃取三次（3×20mL），醚层用无水硫酸钠干燥，蒸除溶剂，即得（－）-麻黄碱。

(2) 非对映体的制备与分离：在 50mL 圆底烧瓶中加入 2.5mL 无水乙醚、1.5g（±）-苯乙醇酸，使其溶解。缓慢加入（－）-麻黄碱乙醇溶液（1.5g 麻黄碱与 10mL 乙醇配成），在 85～90℃水浴中回流 1h。回流结束后，冷却混合物至室温，再用冰浴冷却使晶体析出。析出晶体为（－）-麻黄碱-(－)-苯乙醇酸盐，（－）-麻黄碱-(＋)-苯乙醇酸盐仍留在乙醇中。过滤即可将其分离。

(3) (－)-麻黄碱-(－)-苯乙醇酸盐粗品用 2mL 无水乙醇重结晶，可得白色粒状纯化晶体。将晶体溶于 20mL 水中，滴加 1mL 浓盐酸使溶液呈酸性，用 15mL 乙醚分三次萃取，合并醚层并用无水硫酸钠干燥，蒸除有机溶剂后即得（－）-苯乙醇酸。(－)-麻黄碱-(＋)-苯乙醇酸盐的乙醇溶液加热除去有机溶剂，用 10mL 水溶解残余物，再滴加浓盐酸 1mL 使固体全部溶解，用 30mL 乙醚分三次萃取，合并醚层并用无水硫酸钠干燥，蒸除有机溶剂后即得（＋）-苯乙醇酸。

【附注】

1. 取样及反应都应在通风橱中进行。
2. 干燥器中放石蜡以吸收产物中残余的烃类溶剂。
3. 此反应是两相反应，剧烈搅拌反应混合物，有利于加速反应。
4. 重结晶时，甲苯的用量约为 1.5～2mL。
5. 主要试剂及产品的物理常数（文献值）如表 6-3 所示。

表 6-3 主要试剂及产品的物理常数

名　称	比旋光度	熔点/℃
(±)-苯乙醇酸		120～122
(－)苯乙醇酸	$[\alpha]_D^{23}-153°$	131～133
(＋)苯乙醇酸	$[\alpha]_D^{23}+154°$	131～134

【思考题】

1. 以季铵盐为相转移催化剂的催化反应原理是什么？
2. 本实验中若不加季铵盐会产生什么后果？
3. 反应结束后，为什么要先用水稀释，后用乙醚萃取？目的是什么？

4. 反应液经酸化后为什么再次用乙醚萃取？

实验五十　局部麻醉剂——对氨基苯甲酸乙酯的制备

Preparation of Ethyl-*p*-aminobenzoate

最早的局部麻醉药是从南美洲生长的古柯植物中提取的古柯碱，或称柯卡因，它具有容易成瘾和毒性大等缺点。化学家们在搞清了古柯碱的结构和药理作用之后，充分显示了他们的才能，已合成和实验了数百种局部麻醉剂，多为羧酸酯类。这种合成品作用更强，副作用较小且较为安全。苯佐卡因和普鲁卡因是1904年前后发现的两种。已经发现的有活性的这类药物均有如下共同的结构特征：分子的一端是芳环，另一端则是仲胺或叔胺，两个结构单元之间相隔1～4个原子连接的中间链。苯环部分通常为芳香酸酯，它与麻醉剂在人体内的解毒有着密切的关系；而氨基则有助于使此类化合物形成溶于水的盐酸盐，以制成注射液。羧酸酯类局麻剂的通式可表示如下：

柯卡因：$C_6H_5-C(=O)-O-$（托烷环，$N-CH_3$，$COOCH_3$，H）

普鲁卡因：$H_2N-C_6H_4-C(=O)-O-CH_2CH_2-N(CH_2CH_3)_2$

苯佐卡因：$H_2N-C_6H_4-C(=O)-O-CH_2CH_3$

羧酸酯类局麻剂的通式：$R-C_6H_4-C(=O)-O-(CH_2)_n-N(R_1)(R_2)$

A　B　C

本实验阐述了局部麻醉剂苯佐卡因的制备，它是一种白色的晶体粉末，制成散剂或软膏用于疮面溃疡的止痛。苯佐卡因通常是由对硝基甲苯先氧化成对硝基苯甲酸，再经乙酯化后还原而得。

$$p\text{-}CH_3C_6H_4NO_2 \xrightarrow{[O]} p\text{-}HO_2CC_6H_4NO_2 \xrightarrow[H_2SO_4]{C_2H_5OH} p\text{-}C_2H_5O_2CC_6H_4NO_2 \xrightarrow{[H]} p\text{-}C_2H_5O_2CC_6H_4NH_2$$

这是一条比较经济合理的路线。本实验采用对甲苯胺为原料，经酰化、氧化、水解、酯化一系列反应合成苯佐卡因。

$$p\text{-}H_2NC_6H_4CH_3 \xrightarrow{(CH_3CO)_2O} p\text{-}CH_3CONHC_6H_4CH_3 \xrightarrow[(2)H^+,H_2O]{(1)KMnO_4} p\text{-}H_2NC_6H_4CO_2H \xrightarrow[H_2SO_4]{C_2H_5OH} p\text{-}H_2NC_6H_4CO_2C_2H_5$$

此路线虽比前述对硝基甲苯为原料的合成路线长一些，但原料易得，操作方便，适合于实验室少量制备。

(一) 对氨基苯甲酸的制备

Preparation of *p*-aminobenzoic Acid

【目的与要求】

学习以对甲苯胺为原料，经乙酰化、氧化和酸性水解，制取对氨基苯甲酸的原理和方法。

【基本原理】

对氨基苯甲酸是一种与维生素B有关的化合物（又称PABA），它是维生素Bc（叶酸）的组成部分。细菌把PABA作为组分之一合成叶酸，磺胺药则具有抑制这种合成的作用。

对氨基苯甲酸的合成涉及三个反应：

第一个反应是将对甲苯胺用乙酸酐处理转变为相应的酰胺，这是一个制备酰胺的标准方法，其目的是在第二步高锰酸钾氧化反应中保护氨基，避免氨基被氧化，形成的酰胺在所用氧化条件下是稳定的。

第二个反应是对甲基乙酰苯胺中的甲基被高锰酸钾氧化为相应的羧基。氧化过程中，紫色的高锰酸盐被还原成棕色的二氧化锰沉淀。鉴于溶液中有氢氧根离子生成，故要加入少量的硫酸镁作为缓冲剂，使溶液碱性不致变得太强而使酰胺基发生水解。反应产物是羧酸盐，经酸化后可使生成的羧酸从溶液中析出。

最后一步反应是酰胺的水解，除去起保护作用的乙酰基，此反应在稀酸溶液中很容易进行。

【仪器与试剂】

对甲苯胺（C. P.）≥99％，乙酸酐（A. R.）≥98.5％，高锰酸钾（C. P.）≥99％。

【物理常数及化学性质】

对甲苯胺（*p*-toluidine）：分子量107.16，沸点200℃，熔点44～45℃，d_4^{20} 1.046，n_D^{20} 1.5463，微溶于水，易溶于乙醇、乙醚及丙酮，本品吸入或接触皮肤时有毒，并有蓄积性危害，应避光保存。

对氨基苯甲酸（*p*-aminobenzoic acid）：分子量137.14，熔点186～187℃，难溶于冷水，易溶于乙醇、乙醚、乙酸乙酯和冰乙酸，在空气中或见光变浅黄色。本品对眼睛、呼吸系统和皮肤有刺激性。

【实验步骤】

1. 对甲基乙酰苯胺

在500mL烧杯中，加入7.5g（0.07mL）对甲苯胺，175mL水和7.5mL浓盐酸，必要时在水浴上温热搅拌以促使溶解。若溶液颜色较深，可加适量的活性炭脱色过滤。同时配制12g三水合醋酸钠溶于20mL水的溶液，必要时温热至所有的固体溶解。将脱色后的盐酸对甲苯胺加热至50℃，加入8mL（8.7g，0.085mL）乙酸酐，并立即加入预先制备好的乙酸钠溶液，充分搅拌后将混合物置于冰浴冷却，此时应析出对甲基乙酰苯胺的白色固体。抽滤，用少量冷水洗涤，干燥后称重，产量约7.2g。纯的对甲基乙酰苯胺的熔点为154℃。

2. 对乙酰氨基苯甲酸

在600mL烧杯中，加入上述制得的约7.5g对甲基乙酰苯胺、20g七水合结晶硫酸镁和

350mL 水，将混合物在水浴上加热到约 85℃。同时制备 20.5g（0.13mol）高锰酸钾溶于 70mL 沸水的溶液。在充分搅拌下，将热的高锰酸钾溶液在 30min 内分批加到对甲基乙酰苯胺的混合物中，以免氧化剂局部浓度过高破坏产物。加完后，继续在 85℃搅拌 15min。混合物变成深棕色，趁热用两层滤纸抽滤除去二氧化锰沉淀，并用少量热水洗涤二氧化锰沉淀。若滤液成紫色，可加入 2～3mL 乙醇煮沸直至紫色消失，将滤液再用折叠滤纸过滤一次。冷却无色滤液，加 20%硫酸酸化至溶液呈酸性，此时应生成白色固体，抽滤、压干，干燥后对乙酰氨基苯甲酸产量约 5～6g。纯化合物的熔点为 250～252℃。湿产品可直接进行下一步合成。

3. 对氨基苯甲酸

称取上步得到的对乙酰氨基苯甲酸，将每克湿产品用 5mL 18%的盐酸进行水解。将反应物置于 250mL 圆底烧瓶中，加热缓缓回流 30min。待反应物冷却后，加入 30mL 冷水，然后用 10%氨水中和，使反应混合物对石蕊试纸恰呈碱性，切勿使氨水过量。每 30mL 最终溶液加 1mL 冰醋酸，充分摇振后置于冰浴中骤冷以引发结晶，必要时用玻璃捧摩擦瓶壁或放入晶种引发结晶。抽滤收集产物，干燥后以对甲苯胺为标准计算产率，测定产物的熔点。纯对氨基苯甲酸的熔点为 186～187℃。实验得到的熔点略低一些。

本实验约需 6～8h。

【附注】

对氨基苯甲酸不必重结晶，对产物重结晶的各种尝试均未获得满意的结果，产物可直接用于合成苯佐卡因。

【思考题】

1. 对甲苯胺用乙酐酰化反应中加入乙酸钠的目的何在?
2. 对甲乙酰苯胺用高锰酸钾氧化时，为何要加入硫酸镁结晶?
3. 在氧化步骤中，若滤液有色，需加入少量乙醇煮沸，发生什么反应?
4. 在最后水解步骤中，可以用氢氧化钠溶液代替氨水中和吗? 中和后加入乙酸的目的何在?

（二）对氨基苯甲酸乙酯的制备

Preparation of Ethyl-*p*-aminobenzoate

【目的与要求】

学习以对氨基苯甲酸和乙醇，在浓 H_2SO_4 催化下，制备对氨基苯甲酸乙酯的实验方法。

【基本原理】

反应式：

$$H_2N-C_6H_4-CO_2H + C_2H_5OH \xrightleftharpoons{H_2SO_4} H_2N-C_6H_4-CO_2C_2H_5 + H_2O$$

【仪器与试剂】

对氨基苯甲酸（自制），95%乙醇（A.R.），95%～99%浓硫酸（A.R.）。

对氨基苯甲酸乙酯（ethyl-*p*-aminobenzoate）：分子量 165.19，熔点 91～92℃。不溶于水，易溶于乙醇、乙醚和稀酸。

【实验步骤】

在 100mL 圆底烧瓶中，加入 2g（0.0145mol）对氨基苯甲酸和 25mL 95%乙醇，旋摇烧瓶使大部分固体溶解。将烧瓶置于冰水浴中冷却，加入 2mL 浓硫酸，立即产生大量沉淀（在接下来的回流中沉淀将逐渐溶解），将反应混合物在水浴上回流 1h，并时加摇荡。

将反应混合物转入烧杯中，冷却后分批加入 10%碳酸钠溶液中和（约需 12mL），可观察到有气体逸出，并产生泡沫（发生了什么反应），直至加入碳酸钠溶液后无明显气体释放。反应混合物接近中性时，检查溶液 pH，再加入少量碳酸钠溶液至 pH 为 9 左右。在中和过程中产生少量固体沉淀（生成什么物质）。将溶液转入分液漏斗中，并用少量乙醚洗涤固体后并入分液漏斗。向分液漏斗中加入 40mL 乙醚，振荡萃取。经无水硫酸镁干燥后蒸去乙醚和大部分乙醇，至残余油状物约 2mL 为止。残余液加入乙醇和水混合液，得到结晶，产量约 1g，测定其熔点。

【思考题】

1. 本实验中加入浓硫酸的量远多于催化量，为什么？加入浓硫酸时产生的沉淀是什么物质？试解释之。

2. 酯化反应结束后，为什么要用碳酸钠溶液而不用氢氧化钠进行中和？为什么不中和至 pH 为 7 而要使溶液 pH 为 9 左右？

3. 如何由对氨基苯甲酸为原料合成局部麻醉剂普鲁卡因（Procaine）？

实验五十一 设计性实验

Self-designed Experiments

【设计要求】

1. 选择感兴趣的实验项目进行文献检索，找出已有的实验方法；
2. 分析各种方法的优缺点，作出比较和归纳；
3. 结合实验室条件，设计完成实验项目；
4. 写出实验目的；
5. 写出实验原理；
6. 写出实验仪器及试剂名称、规格；
7. 写出实验步骤；
8. 进行实验，并记录实验结果，同时进行实验分析。

【设计实验选题参考】

1. 层析法分离甲氧偶氮苯与苏丹红
2. 乙酸异戊酯（蜜蜂警报信息素）的合成
3. 牛奶中蛋白质和乳糖的分离

4. 甲壳素的提取和壳聚糖的制备
5. 乙醇的生物合成
6. 由环己醇制备 7,7-二氯双环 [4.1.0] 庚烷
7. 废油制备生物柴油
8. 辣椒中胡萝卜素及色素的萃取和分离
9. 肉桂酸的光化学反应
10. 二茂铁的乙酰化
11. 5,10,15,20-四苯基卟啉的微波合成
12. 从果皮中提取果胶
13. 液体推进剂偏二甲肼的再利用
14. 无溶剂法催化氧化制备苯甲酸
15. 微波辐射法合成阿司匹林
16. 超声波辐射合成对硝基苯甲酸乙酯
17. 亲核取代反应溶剂效应的确定
18. 简单离子液体的制备
19. 过氧化氢氧化苄醇制备苯甲醛

附　　录

附录一　常用试剂的配制

1. 2,4-二硝基苯肼溶液

Ⅰ. 在15mL浓硫酸中，溶解3g 2,4-二硝基苯肼。另在70mL 95%乙醇里加20mL水，然后把硫酸苯肼倒入稀乙醇溶液中，搅动混合均匀即成橙红色溶液（若有沉淀应过滤）。

Ⅱ. 将1.2g 2,4-二硝基苯肼溶于50mL 30%高氯酸中，配好后贮于棕色瓶中，不易变质。适于检验水中醛且较稳定，长期贮存不易变质。

2. 卢卡斯（Lucas）试剂

将34g无水氯化锌在蒸发皿中强热熔融，稍冷后放在干燥器中冷至室温。取出捣碎，溶于23mL浓盐酸中（相对密度1.187）。配制时须加以搅动，并把容器放在冰水浴中冷却，以防氯化氢逸出。此试剂一般是临用时配制。

3. 托伦（Tollens）试剂

Ⅰ. 取0.5mL 10%硝酸银溶液于试管里，滴加氨水，开始出现黑色沉淀，再继续滴加氨水，边滴边摇动试管，滴到沉淀刚好溶解为止，得澄清的硝酸银氨水溶液，即托伦试剂Ⅰ。碱性较弱，有利于鉴别糖类。

Ⅱ. 取一支干净试管，加入1mL 5%硝酸银，滴加5%氢氧化钠2滴，产生沉淀，然后滴加5%氨水，边摇边滴加，直到沉淀消失为止，此为托伦试剂Ⅱ。

4. 希夫（Schiff）试剂

在100mL热水中溶解0.2g品红盐酸盐，放置冷却后，加入2g亚硫酸氢钠和2mL浓盐酸，再用蒸馏水稀释至200mL。

或先配制10mL二氧化硫的饱和水溶液，冷却后加入0.2g品红盐酸盐，溶解后放置数小时使溶液变成无色或淡黄色，用蒸馏水稀释至200mL。

此外，也可将0.5g品红盐酸盐溶于100mL热水中，冷却后用二氧化硫气体饱和至粉红色消失，加入0.5g活性炭，振荡过滤，再用蒸馏水稀释至500mL。

本试剂所用的品红是假洋红（para-rosaniline），此物与洋红（rosaniline）不同。希夫试剂应密封贮存在暗冷处，防止二氧化硫易失。若又显桃红色，则应再通入二氧化硫，使颜色消失后使用。但应注意，试剂中过量的二氧化硫愈少，反应愈灵敏。

5. 0.1%茚三酮溶液

将0.1g茚三酮溶于124.9mL 95%乙醇中，用时新配。

6. 饱和亚硫酸氢钠

先配制40%亚硫酸氢钠水溶液，然后在每100mL的40%亚硫酸氢钠水溶溶液中，加不含醛的无水乙醇25mL，溶液呈透明清亮状。

7. 饱和溴水

溶解15g溴化钾于100mL水中，加入10g溴，振荡即成。

8. 莫里许（Molish）试剂

将α-萘酚2g溶于20mL 95%乙醇中，用95%乙醇稀释至100mL，贮于棕色瓶中。

9. 苏丹Ⅳ

取0.2g苏丹Ⅳ，放入无水乙醇中，加热，充分溶解，成为饱和乙醇溶液，过滤，密封保存。

10. 苏丹Ⅲ

0.1g苏丹Ⅲ粉末加入95%乙醇100mL，待全部溶解后便可使用，用于鉴定脂肪。

11. 班氏（Benedict）试剂

把4.3g研细的硫酸铜溶于25mL热水中，待冷却后用水稀释至40mL。另把43g柠檬酸钠及25g无水碳酸钠（若用有结晶水的碳酸钠，则取量应按比例计算）溶于150mL水中，加热溶解，待溶液冷却后，再加入上面所配的硫酸铜溶液，加水稀释至250mL，将试剂贮于试剂瓶中，瓶口用橡皮塞塞紧。

12. 盐酸苯肼-醋酸钠溶液

将5g盐酸苯肼溶于100mL水中，必要时可加微热助溶，如果溶液呈深色，加活性炭共热，过滤后加9g醋酸钠晶体或用相同量的无水醋酸钠，搅拌使之溶解，贮于棕色瓶中。

13. 淀粉碘化钾试纸

取3g可溶性淀粉，加入25mL水，搅匀，倾入225mL沸水中，再加入1g碘化钾及1g结晶硫酸钠，用水稀释到500mL，将滤纸片（条）浸渍，取出晾干，密封备用。

14. 蛋白质溶液

取新鲜鸡蛋清50mL，加蒸馏水至100mL，搅拌溶解。如果浑浊，加入5%氢氧化钠至刚清亮为止。

15. 10%淀粉溶液

将1g可溶性淀粉溶于5mL冷蒸馏水中，用力搅成稀浆状，然后倒入94mL沸水中，即得近于透明的胶体溶液，放冷使用。

16. β-萘酚碱溶液

取4g β-萘酚，溶于40mL 5%氢氧化钠溶液中。

17. 斐林（Fehling）试剂

斐林试剂由斐林试剂Ⅰ和斐林试剂Ⅱ组成，使用时将两者等体积混合。

将3.5g含有五个结晶水的硫酸铜溶于100mL的水中即得淡蓝色的斐林试剂Ⅰ。

将17g酒石酸钾钠溶于20mL热水中，然后加入含有5g氢氧化钠的水溶液20mL，稀释至100mL即得无色清亮的斐林试剂Ⅱ。

18. 碘溶液

Ⅰ. 将20g碘化钾溶于100mL蒸馏水中，加入10g研细的碘粉，搅动使其全溶。

Ⅱ. 将1g碘化钾溶于100mL蒸馏水中，加入0.5g碘，加热溶解即得红色清亮溶液。

19. 铬酸洗液

研细的重铬酸钾20g，放入500mL烧杯中，加水40mL，加热溶解，待溶解后，冷却，再慢慢加入350mL浓硫酸，边加边搅拌，即成铬酸洗液。用于洗涤一般污渍。

20. 无水乙醇

若要求98%～99%的乙醇，可采用下列方法：

(1) 将苯加入乙醇中，进行分馏，在64.9℃时蒸出苯、水、乙醇的三元恒沸混合物，多余的苯在68.3℃与乙醇形成二元恒沸混合物被蒸出，最后蒸出乙醇。工业多采用此法。

(2) 于 100mL 95%乙醇中加入新鲜的块状生石灰 20g，回流 3～5h，然后进行蒸馏。

若要 99%以上的乙醇，可采用下列方法。

(1) 在 100mL 99%乙醇中，加入 7g 金属钠，待反应完毕，再加入 27.5g 邻苯二甲酸二乙酯或 25g 草酸二乙酯，回流 2～3h，然后进行蒸馏。单独使用金属钠不能完全除去乙醇中的水，须加入过量的高沸点酯，如邻苯二甲酸二乙酯消耗氢氧化钠。

(2) 在 60mL 99%乙醇中，加入 5g 镁和 0.5g 碘，待镁溶解生成醇镁后，再加入 900mL 99%乙醇，回流 5h 后，蒸馏，可得到 99.9%乙醇。

21. 碱性乙醇溶液

将 60g 氢氧化钠溶于 60mL 水中，再加入 500mL 95%的乙醇。用于除去油脂、焦油和树脂等污物。

22. 双缩脲试剂

分别配制 10%氢氧化钠溶液和 1%硫酸铜溶液，待用。用于检测蛋白质时，可在 3mL 待测液中加入 1mL 10%氢氧化钠溶液和 1 滴 1%硫酸铜溶液。

23. 二苯胺试剂

A 液：1.5g 二苯胺溶于 100mL 冰醋酸中，再加 1.5mL 浓硫酸用棕色瓶保存。

B 液：体积分数为 0.2%的乙醛溶液。

实验前，将 0.1mL 的 B 液加入到 10mL 的 A 液中，现配现用。用于鉴定 DNA。

24. 密封剂

(1) 石蜡　取石蜡（熔点 52℃）1 份＋松香 1 份＋甘油数滴，熔化后趁热使用。

(2) 赛璐珞　取赛璐珞，如碎、废乒乓球剪碎后，浸入在乙醚、丙酮或氯仿等有机溶剂中加盖后静置两三天，等溶化成糊状时，涂在瓶口和瓶塞外面，形成不透气的薄膜。

25. 无水吡啶

将吡啶与粒状氢氧化钾（钠）一同回流，然后隔绝潮气蒸出备用。干燥的吡啶吸水性很强，保存时应将容器口用石蜡封好。

26. 无水四氢呋喃

可用氢化铝锂在隔绝潮气下回流（通常 1000mL 约需 2～4g 氢化铝锂）除去其中的水和过氧化物，然后蒸馏，收集 66℃的馏分（蒸馏时不要蒸干，将剩余少量残液立即倒出）。精制后的液体加入钠丝并应在氮气氛中保存。处理四氢呋喃时，应先用小量进行试验，在确定其中只有少量水和过氧化物，作用不致过于激烈时，方可进行纯化。四氢呋喃中的过氧化物可用酸化的碘化钾溶液来检验。如过氧化物较多，应另行处理为宜。

附录二　常用有机化合物的物理常数

名　称	分子量 M	相对密度 d_4^{20}	熔点 m.p./℃	沸点 b.p./℃	折射率 n_D^{20}
乙醛	44.05	0.7834_4^{18}	−121	20.8	1.3316
甲醛	30.5	0.815	−92	−21	
醋酸	60.05	1.0492	16.6	117.9	1.3716
醋酸酐	102.09	1.082	−73.1	140.0	1.39006
醋酸铵	77.08	1.17	114		
丙酮	58.08	0.7899	−95.35	56.2	1.3588
苯胺	93.13	1.02173	−6.3	184.13	1.5863
苯	78.12	0.87865	5.5	80.1	1.5011
氯仿	119.38	1.4832	−63.5	61.7	1.4459
溴乙烷	108.97	1.4604	−118.6	38.4	1.4239
乙醚	74.12	0.71378	−116.2	34.51	1.3526

续表

名　　称	分子量 M	相对密度 d_4^{20}	熔点 m. p. /℃	沸点 b. p. /℃	折射率 n_D^{20}
乙二醇	62.07	1.1088	−11.5	198	1.4318
乙醇	46.07	0.7893	−117.3	78.5	1.3611
甲醇	32.04	0.7914	−93.9	65	1.3288
异丙醇	60.11	0.7855	−89.5	82.4	1.3776
正丁醇	74.12	0.8098	−89.5	117.2	1.3993
碘仿	393.73	4.008	123	218	
苯酚	94.11	1.0576	43	181.75	1.5509^{21}
氨	17.03		−77.75	−33.42	1.325
氯磺酸	116.52	1.787	−80	158	1.437^{14}
四氢呋喃	72.12	0.8892		67	1.4050
吡啶	79.10	0.9819	−42	115.5	1.5095
乙酸乙酯	88.12	0.9003	−83.6	77.06	1.3723
乙酸丁酯	116.16	0.8825	−77.9	126.5	1.3941
甲苯	92.15	0.8669	−95	110.6	1.4961
苯	78.12	0.8765	5.5	80.1	1.5011
o-二甲苯	106.17	0.8802	−25.2	144.4	1.5055
m-二甲苯	106.17	0.8642	−47.9	139.1	1.4972^{10}
p-二甲苯	106.17	0.8611	13.3	138.3	1.4958
硝基苯	123.11	1.2037	5.7	210.8	1.5562

注：数据摘自“Robert C. Weast，CRC Handbook of Chemistry and Physics，66st ed.，1985～1986”等。

附录三　常用有机试剂的纯化

1. 石油醚

石油醚为轻质石油产品，是低相对分子质量烷烃类的混合物。其沸程为 30～150℃，收集的温度区间一般为 30℃左右。有 30～60℃，60～90℃，90～120℃等沸程规格的石油醚。其中含有少量不饱和烃，沸点与烷烃相近，用蒸馏法无法分离。石油醚的精制通常将石油醚用等体积的浓硫酸洗涤 2～3 次，再用 10%硫酸加入高锰酸钾配成的饱和溶液洗涤，直至水层中的紫色不再消失为止。然后再用水洗，经无水氯化钙干燥后蒸馏。若需绝对干燥的石油醚，可加入钠丝（与纯化无水乙醚相同）。

2. 苯

普通苯常含有少量水和噻吩，噻吩的沸点为 84℃，与苯接近，不能用蒸馏的方法除去。

噻吩的检验：取 1mL 苯加入 2mL 溶有 2mg 吲哚醌的浓硫酸，振荡片刻，若酸层呈蓝绿色，即表示有噻吩存在。

噻吩和水的除去：将苯装入分液漏斗中，加入相当于苯体积 1/7 的浓硫酸，振摇使噻吩磺化，弃去酸液，再加入新的浓硫酸，重复操作几次，直到酸层呈现无色或淡黄色并检验无噻吩为止。

将上述无噻吩的苯依次用 10%碳酸钠溶液和水洗至中性，再用氯化钙干燥，进行蒸馏，收集 80℃的馏分，最后用金属钠脱去微量的水。

3. 二氯甲烷

沸点 40℃，折射率 1.4242，相对密度 1.3266。

用二氯甲烷比氯仿安全，因此常常用它来代替氯仿作为比水重的萃取剂。普通的二氯甲烷一般都能直接作萃取剂用。如需纯化，可用 5%碳酸钠溶液洗涤，再用水洗涤，然后用无水氯化钙干燥，蒸馏收集 40～41℃的馏分，保存在棕色瓶中。

4. 二氧六环

沸点 101.5℃，熔点 12℃，折射率 1.4424，相对密度 1.0336。

二氧六环能与水任意混合，常含有少量二乙醇缩醛与水，久贮的二氧六环可能含有过氧化物（鉴定和除去参阅乙醚）。二氧六环的纯化方法，在500mL二氧六环中加入8mL浓盐酸和50mL水的溶液，回流6～10h，在回流过程中，慢慢通入氮气以除去生成的乙醛。冷却后，加入固体氢氧化钾，直到不能再溶解为止，分去水层，再用固体氢氧化钾干燥24h。然后过滤，在金属钠存在下加热回流8～12h，最后在金属钠存在下蒸馏，压入钠丝密封保存。精制过的1,4-二氧环已烷应当避免与空气接触。

5. 甲醇

普通未精制的甲醇含有0.02%丙酮和0.1%水。而工业甲醇中这些杂质的含量达0.5%～1%。为了制得纯度达99.9%以上的甲醇，可将甲醇用分馏柱分馏。收集64℃的馏分，再用镁去水（与制备无水乙醇相同）。甲醇有毒，处理时应防止吸入其蒸气。

6. 氯仿（三氯甲烷）

氯仿在日光下易氧化成氯气、氯化氢和光气（剧毒），故氯仿应贮于棕色瓶中。市场上供应的氯仿多用1%酒精作稳定剂，以消除产生的光气。氯仿中乙醇的检验可用碘仿反应；游离氯化氢的检验可用硝酸银的醇溶液。

除去乙醇可将氯仿用其1/2体积的水振摇数次分离下层的氯仿，用氯化钙干燥24h，然后蒸馏。或者将氯仿与少量浓硫酸一起振动两三次。每200mL氯仿用10mL浓硫酸，分去酸层以后的氯仿用水洗涤，干燥，然后蒸馏。

除去乙醇后的无水氯仿应保存在棕色瓶中并避光存放，以免光化作用产生光气。

7. 乙醚

普通乙醚常含有2%乙醇和0.5%水。久存的乙醚常含有少量过氧化物。

过氧化物的检验和除去：在干净和试管中放入2～3滴浓硫酸，1mL 2%碘化钾溶液（若碘化钾溶液已被空气氧化，可用稀亚硫酸钠溶液滴到黄色消失）和1～2滴淀粉溶液，混合均匀后加入乙醚，出现蓝色即表示有过氧化物存在。除去过氧化物可用新配制的硫酸亚铁稀溶液。将100mL乙醚和10mL新配制的硫酸亚铁溶液放在分液漏斗中洗数次，至无过氧化物为止。

醇和水的检验和除去：乙醚中放入少许高锰酸钾粉末和一粒氢氧化钠。放置后，氢氧化钠表面附有棕色树脂，即证明有醇存在。水的存在用无水硫酸铜检验。先用无水氯化钙除去大部分水，再经金属钠干燥。其方法是：将100mL乙醚放在干燥锥形瓶中，加入20～25g无水氯化钙，瓶口用软木塞塞紧，放置一天以上，并间断摇动，然后蒸馏，收集33～37℃的馏分。用压钠机将1g金属钠直接压成钠丝放于盛乙醚的瓶中，用带有氯化钙干燥管的软木塞塞住，或在木塞中插一末端拉成毛细管的玻璃管，这样，既可防止潮气浸入，又可使产生的气体逸出。放置至无气泡发生即可使用；放置后，若钠丝表面已变黄变粗时，须再蒸一次，然后再压入钠丝。

8. 丙酮

普通丙酮常含有少量的水及甲醇、乙醛等还原性杂质。其纯化方法有以下两种。

（1）于250mL丙酮中加入2.5g高锰酸钾回流，若高锰酸钾紫色很快消失，再加入少量高锰酸钾继续回流，至紫色不褪为止。然后将丙酮蒸出，用无水碳酸钾或无水硫酸钙干燥，过滤后蒸馏，收集55～56.5℃的馏分。用此法纯化丙酮时，须注意丙酮中含还原性物质不能太多，否则会过多消耗高锰酸钾和丙酮，使处理时间增长。

（2）将100mL丙酮装入分液漏斗中，先加入4mL 10%硝酸银溶液，再加入3.6mL

1mol/L 氢氧化钠溶液，振摇 10min，分出丙酮层，再加入无水硫酸钾或无水硫酸钙进行干燥。最后蒸馏收集 55～56.5℃馏分。此法比方法（1）要快，但硝酸银较贵，只宜做小量纯化用。

9. 乙酸乙酯

乙酸乙酯一般含量为 95%～98%，含有少量水、乙醇和乙酸。可用下法纯化：于 1000mL 乙酸乙酯中加入 100mL 乙酸酐、10 滴浓硫酸，加热回流 4h，除去乙醇和水等杂质，然后进行蒸馏。馏液用 20～30g 无水碳酸钾振荡，再蒸馏。产物沸点为 77℃，纯度可达以上 99%。

10. DMSO

沸点 189℃，熔点 18.5℃，折射率 1.4783，相对密度 1.100。

二甲基亚砜能与水混合，可用分子筛长期放置加以干燥。然后减压蒸馏，收集 76℃/1600Pa（12mmHg）馏分。蒸馏时，温度不可高于 90℃，否则会发生歧化反应生成二甲砜和二甲硫醚。也可用氧化钙、氢化钙、氧化钡或无水硫酸钡来干燥，然后减压蒸馏。也可用部分结晶的方法纯化。二甲基亚砜与某些物质混合时可能发生爆炸，如氢化钠、高碘酸或高氯酸镁等应予注意。

11. DMF

N,*N*-二甲基甲酰胺沸点 149～156℃，折射率 1.4305，相对密度 0.9487，无色液体，与多数有机溶剂和水可任意混合，对有机和无机化合物的溶解性能较好。

N,*N*-二甲基甲酰胺含有少量水分。常压蒸馏时有些分解，产生二甲胺和一氧化碳。在有酸或碱存在时，分解加快。所以加入固体氢氧化钾（钠）在室温放置数小时后，即有部分分解。因此，最常用硫酸钙、硫酸镁、氧化钡、硅胶或分子筛干燥，然后减压蒸馏，收集 76℃/4800Pa（36mmHg）的馏分。其中如含水较多时，可加入其 1/10 体积的苯，在常压及 80℃以下蒸去水和苯，然后再用无水硫酸镁或氧化钡干燥，最后进行减压蒸馏。纯化后的 *N*,*N*-二甲基甲酰胺要避光贮存。*N*,*N*-二甲基甲酰胺中如有游离胺存在，可用 2,4-二硝基氟苯产生颜色来检查。

12. 二硫化碳

沸点 46.25℃，折射率 1.6319，相对密度 1.2632。

二硫化碳为有毒化合物，能使血液神经组织中毒。具有高度的挥发性和易燃性，因此，使用时应避免与其蒸气接触。对二硫化碳纯度要求不高的实验，在二硫化碳中加入少量无水氯化钙干燥几小时，在水浴 55～65℃下加热蒸馏、收集。如需要制备较纯的二硫化碳，在试剂级的二硫化碳中加入 0.5%高锰酸钾水溶液洗涤三次，除去硫化氢。再用汞不断振荡以除去硫。最后用 2.5%硫酸汞溶液洗涤，除去所有的硫化氢（洗至没有恶臭为止），再经氯化钙干燥，蒸馏收集。

参 考 文 献

[1] 兰州大学，复旦大学化学系有机化学教研组编．有机化学实验．北京：高等教育出版社，1994.

[2] 韩广甸等编译．有机制备化学手册．北京：石油化学工业出版社，1977.

[3] Brian S. Furniss，Vogel's Textbook of Practical Organic Chemistry，5th Ed. London：Longman Scientfic & Technical，1989.

[4] 黄涛主编．有机化学实验，第 2 版．北京：高等教育出版社，1998.

[5] 金钦汉主编．微波化学．北京：科学出版社，1999.

[6] 周宁怀，王德琳主编．微量有机化学实验，北京：科学出版社，1999.

[7] 张毓凡，曹玉蓉，冯宝申，王佰全，杨家惠编．有机化学实验．天津：南开大学出版社，1999.

[8] 焦家俊编．有机化学实验．上海：上海交通大学出版社，2000.

[9] 李兆陇，阴金香，林天舒编．有机化学实验．北京：清华大学出版社，2001.

[10] 周建峰主编．有机化学实验．上海：华东理工大学出版社，2002.

参考文献